動物倫理の新しい基礎

バーナード・ローリン

髙橋優子＝訳

白揚社

弱者のために闘うためには強さが必要だと教えてくれた祖母アンナ・ブクチンと、すべての生き物に対する共感と憐れみを教えてくれた母に本書を捧げる。

そしてわたしの家族──
賢明な批評家で対話のパートナーである妻リンダ、インスピレーションの絶えざる源でアイデアの泉である息子マイケル、義理の娘テレサ、そして孫のダニーとリリーにも。

目次

日本語版への序／v

序／ix

序論——哲学と倫理学／3

第1部　動物倫理を作り出す

新しい動物倫理の必要性／9

社会的倫理・個人的倫理・職業倫理／17

「想起させる」ことと「教える」こと／37

動物の精神の否定／45

重要なこととテロス／55

第2部　イデオロギーと常識

イデオロギー／69

逸話・擬人化そして動物の精神／95

動物のテロスと動物福祉／117

ハズバンドリーの終焉／131

動物実験とテロス／159

遺伝子工学とテロス／199

結論／209

訳者あとがき／213　参考文献／217　索引／221

日本語版への序

　1970年代初頭、コロンビア大学で博士号（哲学）を取得した後、私はコロラド州立大学で教員の仕事を始めた。私はこの仕事が大好きで、たくさんの新しいコースやプログラムを作り出した。しかし嵐のような1960年代の産物として、その当時展開した社会的革命のすべてに巻き込まれていたため、私は自分の活動に何かが足りない、すなわち、よりよい世界への観点を持った倫理的進歩を生み出す努力が欠けていると感じていた。

　私には、自分の努力をどこに向けるべきかについての方向性がなかった。私に方向性を与えてくれた獣医生理学の教授と、大学のジムのロッカールームで運命的な出会いをするまでは。彼は私が医学を志す学部生に医療倫理を教えているのを聞いていた。彼は私に、獣医学部で獣医学生に同じことをしてくれないかどうか尋ねた。無知と素朴さから生まれた傲慢によって、教科書さえ与えてくれれば私にはきっとそれができる、と私は彼に答えた。彼は、教科書どころか論文さえ存在しないと教えてくれた――もし私が彼のチャレンジを受け入れたなら、私は獣医倫理学の分野を作り出すことに、個人的責任を持つことになるというのだ！恐れ気もなく、私は獣医学教育について、また動物の扱いに関する適切な社会的倫理について、できるだけ学ぶことにした。私がすべき重要なことは、成長しつつあるがまだ充分現れてはいない動物についての社会的懸念について、そしてそれが獣医学教育と獣医学の実践にどのようなインパクトを与えうるかについて、理解し説明することだと、その生理学者は私に言った。

　私は常に動物が好きだったので、私の訓練と思索を動物の扱いと社会における動物の道徳的地位に適用する機会を喜んで受け入れた。そのよ

うにして 1978 年の秋、私は世界初の獣医倫理学のコースを始めたのだった。学生たちは例外的なほど聡明でこのトピックに関心があった。それで最初の 4 週間はうまくいっていた。4 週間後、学生たちは私に、来週から手術の実習が始まると言った。ヴェトナムで戦闘機のパイロットだった、ひとりの年上の学生が私に、手術が教えられる方法を教えてくれた。獣医学部は望まれない犬を公的施設からひきとって、3 人の学生から成るグループに 1 匹ずつ与え、これらの犬に対して、続く 3 週間のうちに、「9 回の手術」を強制するのだと、彼は私に説明した。私は素朴にもこれが信じられなかったので、彼は私に、これらの犬が手術実習の間留置されている場所に来るようにと頼んだ。私は行って、そしてヒエロニムス・ボッシュによる地獄絵図の引用のような恐るべきシナリオを見たのだった。犬たちは泣いており震えていた。たった一人の看護師が勇敢にも、140 人の学生を教えるために使われた犬たちのケアをしようとしていた。私が無痛法について尋ねたとき、獣医療においてそれは、教えられても使われてもいないと告げられた。

　ぞっとさせられ怒りを感じて、私は外科学教室に行き、なぜ彼らは動物の医者として、あえて動物をこのような野蛮なやり方で使うのか！と尋ねた（私はそうしたいときにはとても強く見えるように振る舞ったが、確かに外科の教員たちにはその効果があった。彼らは本質的には、費用を節約するため事務方に命じられてこうしていると主張した）。それで私は事務方に接触し、とくに獣医師の顧客が 1960 年代には農民からペットのオーナーに移り変わっているという事実に照らして、もし社会がこの実践を知ったらどう考えると思うかと尋ねた。膨大な数の会議の後、私は複数回の手術を廃止するポリシーを勝ち獲り、学生は動物の命に関わるような手術を 1 回だけ行って、手術そのものと同様アフターケアも評価されることになった。この変化を達成したため私は英雄的人物になり、私たちは他の恐るべき「教育的実践」を廃止するために活動するようになった。こういうわけで私は、動物利用における残虐性を理解するだけでなく、それらを廃止するために根気強く働くという、私の職業人

日本語版への序

生の続く 40 年間を決定づけた困難な道を歩み始めたのだった。

　私は 1981 年に動物倫理の最も初期の本のひとつを出版し、理論を実践に移すという私の目標を追求した。私は、教育・研究・試験・農業・エンターテインメントなどにおける動物利用について多くの知識を獲得し、適切な動物の取り扱いと痛みや苦しみのコントロールについて、社会的倫理にも法律にも何も保証が存在しないという恐るべき事実を学んだ。最も私を悩ませたのは、科学的リサーチコミュニティが、動物の痛みと思考について不可知論の立場をとっていたことだった。そのために、最も侵襲的な実験においてさえ、事実上無痛法は動物にまったく施されていなかったのだ。この耐え難い状況を改善するために、3 人の同僚とともに、痛みと苦しみのコントロールを要求する連邦法を成立させるために働いた。1982 年に私が「実験動物のための無痛法」というタイトルで文献検索を行ったとき、このテーマを扱った論文はひとつも存在しないことが明らかとなった。私は医学リサーチコミュニティの反動的努力に対抗して、これは道徳的に受容不能であると議会を説得することができた。そして 1985 年には、研究に使用されるすべての動物のために痛みと苦しみのコントロールを保証するふたつの法律が通ったのだった！（皮肉なことだが、本書で後に詳しく論じるように、痛みのコントロールに失敗すると、研究対象の状態を不安定にするという悪影響がしばしば起こる）。この法律の条文は、無痛法の論文の激増を導いた。

　私はまた、動物農業の諸問題について活動をはじめ、農業の前提だった良きハズバンドリーの喪失を扱った。私はこのトピックで 4 冊の本を書いたり編集したりして、動物を益する主要な変化を引き起こすことを助けた。おそらく最も特筆すべきことは、ポーク生産の巨人、スミスフィールド社を説得して、妊娠ストール（妊娠した豚が入れられる小さな檻）を取り除いたことだ。かなりの費用がかかるにもかかわらず、彼らの信頼性を増すために、彼らは開放的なハウジング・システムを受け入れた。

　職業人生を通じて、私は理論と実践の効果的協働の必要性を決して見

失わなかった。私が哲学的に発展させようと試みたことのすべては、動物の生の質を改善することを目指す行動へと具現化していった。これらの活動に関心のある読者は、*Putting the Horse before Descartes* という私の自伝を読んでほしい。このタイトルは英語における複雑な言葉遊びから派生しているが、日本語にうまく訳すことはできないだろう*。

バーナード・E・ローリン

＊『馬をデカルトの前に置く』は「近代合理主義以前の状態に動物を置く」ことを意味している。つまり、産業的農業がはじまる以前の人と動物の共生関係を追求することを含意している。これは "Don't put the cart before the horse."（「馬の前に荷車を置いてはいけない」）というイディオムに由来する。このイディオムは、直接的には、本来馬の後ろに置くべき物を前においてはならない、という意味だが、抽象的には、本来の順序をたがえて急ぎすぎてはいけない、という教訓を含んでいる。

序

　この45年間、私は動物の社会的地位を高めるために、理論上も実践上も働いてきた。他の多くの哲学者とは違って、私は社会における動物利用に対して顕著な影響を与えることができた。また、志を同じくする人々と私は、教育に使われる動物の扱いを大きく変え、獣医師や医師や自然科学の教授になるために不可欠だと昔は考えられていた残虐な行為を取り除いた。私たちは、責任ある研究者の主要な義務として研究における痛みのコントロールを確立することができたし、それを立法化することもできた。私たちは、ひどく監禁的な農業において支配的だった非人道的な居住環境、豚のストールを変えさせることができた。同様に重要なのは、私たちが、市民にも動物利用者にも、動物に対する倫理的義務について考えさせることができたことだ。

　本書はこれらの大きな変化に底流する思索を内容としている。人の倫理というものは、その人の世界観や形而上学と切り離せないということについての気づきに基礎を置いている。たとえばデカルトが自明とみなしたように、世界が単に物理学の機械的法則に従う物質的分子によって構成されていると見る形而上学は、世界を不可避的に「価値」の入る余地のないものとして、とくに「倫理」の入る余地のないものとして見るだろう。このような世界は、ルネサンス以後に物理学によって描かれたものだ。このような世界であれば、自然科学者が、世界の科学的記述は「価値から自由」で、「倫理」のための概念的余地など残されていないと主張できるのも理解できる。

　しかし幸いなことに、これは世界を見る唯一の方法ではない。普通の常識は、世界を数学的物理学の言語のみで捉えられない、質的差異に満ちたものとして見る。私たちが経験する世界において、私たちは美しさ

ix

と醜さ、生きているものといないもの、善と悪、正しさと誤りを、つまり世界をエキサイティングでチャレンジングな場所にする、膨大な質的差異の全体を見出すのだ。アリストテレスによって最もよく把握された世界についての形而上学は、私たちが生きている世界のための核心的な説明概念としてテロスをとくに強調する。私たちは、動物はそれ自体の性質によって動物なのだと理解する——豚の「豚らしさ」、犬の「犬らしさ」というように。これは、普通の人々が理解する生物学で、彼らが生きているように生きている生物体の研究は、その分子的構成要素に格下げされるようなものではない。これは動物の「本質」だ。これを熟考することは、人間の本質を理解することが私たち人間への義務を理解させるように、動物に対する私たちの義務を理解させるのを助ける。だから本書において、私たちの動物に対する道徳的義務を、常識の形而上学と「テロス」の倫理学という立場から、私は説明しその正しさを示そうと思う。そうすることによって、普通の常識的な人々に、彼ら自身の信念にしたがった動物への一連の義務を紹介することを、私は願っている。プラトンが言っているように、何か新しいことを人々に教えるのではなく、人々が自分自身の倫理を「想起」できるように導くことを、私は望んでいる。

　何十年もかかったが、私が職業人生を通じて発展させてきた異なるアイディアの中に、私はついに統一性を見ることができるようになった。

謝辞

　本当の意味で、本書は私の35年以上にわたる動物倫理の領域における思索、著述、教授、講義、行動の産物といえる。私は何年にもわたる対話、批評を助けてくれたすべての人に深謝する。それ自体がこの本を書かせたともいえる。それにもかかわらず、特定の人々には、特別な感謝を示したい。これらの人々には私の妻リンダも含まれる。20年以上にわたる親しい友人で私を大いに助けてくれるすばらしい批評家のミズーリ大学出版局編集長デイヴィッド・ローゼンバウム、ミズーリ大学出版局にとっての読者にして編集者のグロリア・トーマスとサラ・デイヴィス、そして私の友人にして同僚で、一緒に教えているテリー・エンゲルだ。そして最も感謝すべきは、私が自分の話していることを確かに知ることを助けてくれた、コロラド州立大学の学生たちと世界中で講演を聞いてくれた聴衆だ。

動物倫理の新しい基礎

序論——哲学と倫理学

　大学生が、哲学に興味を持ったり哲学を専攻したりすると、誰かに「わあ！　すごい」と言われるのはかなり確実だ。ゼノンの「運動は不可能だ」という説明に惹きつけられない18歳がどのくらいいるだろう？あるいはマクタガートの示した「時間は非現実だ」という説明に？　あるいは「白いチョークはすべてのワタリガラスが黒いという主張の証拠になる」というヘンペルのパラドクスに？　彼らが最初にこういった幻惑的な議論に出会うとき、「わあ！」が生まれる。守られた生活をしてきた学生にとっては、「知的なデザイナーの存在を示すとされるデザインからの宗教的議論」に対するヒュームの攻撃は、単に思考を広げうるものだ。

　大学生は、上に挙げたような、急進的に彼らの現実理解にチャレンジするものか、その逆にマルキシズムのように、世界を改善し改革することを約束するものに魅了されやすい。バートランド・ラッセルの有名な言葉は、後者の傾向をよく表している。「もし君が急進的な20歳なら、君は子供だ。もし君が急進的な40歳なら、君は愚か者だ」。20世紀アングロ・アメリカの分析哲学は、現実世界の事象における哲学の役割に固執した。分析的な、通常の言語についての哲学の守護聖人たるルドウィッヒ・ヴィトゲンシュタインは、人は世界のすべての事実の目録を手にすることはできるが、「殺人は誤りだ」という事実は見出せないと言ったとき、倫理への分析的アプローチのための基礎を置いた。したがっ

3

てイギリスとアメリカの哲学者の主流派は、現実世界の諸問題を受け入れず、その代わりに倫理的判断の性質について考える「メタ倫理学」に取り組んだ。倫理学の支配的アプローチは、現実について主張するように見える明白な倫理的判断は実際には反感や嫌悪といった単なる感情だと主張する「情緒主義」だった。殺人は誤りだと主張することは、「殺人、イヤ！」と言うことの相似形として分析される。したがって、私たちは倫理を合理的に論じることができないことになる。私たちが死刑の非合法性といった倫理的諸問題を論じようとするとき、私たちは実際には、死刑が他の殺人者を妨げるかどうかという「事実」について論じているのだ。言うまでもないことだが、倫理へのこのようなアプローチは、世界を変える方法を探しているか、知的な興奮を求めているだけの学生から「わあ！」といわれるような要素をほとんど持っていない。

　私の場合、学部でも大学院でも、倫理への熱意は発展しなかった。頭のいい若者にとって、私の学生時代に支配的だった「メタ倫理学」は、何の驚きももたらさなかった——もちろん倫理的な用語は、本質的で経験的な属性に言及しないし、それによって説明されることもないのだ。そして、プラトン的な形質の領域における「存在」のような倫理学用語は抽象的なものだという逆の概念は、少なくとも同様に妥当性がなかった。私の職業人生のずっと後になって、私は抽象的なものを仮定することへ導くために行う議論の力に気づくことができた。そして私にとって明白となったのは、様々な理論は、私たちの倫理的直感を説明しようとしていたが、日常生活において展開されるものとして妥当性を欠くということだ。功利主義について言えば、最大多数の幸福の量を最大化し苦痛を最少化するということから「善い」と「悪い」という倫理的な概念を定義できるのだが、幸福と苦痛を一貫した方法で計量するのは困難なのだ。たとえば、人はどのようにして、肉体的な痛みと精神的な苦悩を、一貫して適用可能な幸福の微積分を提供するような方法で比較できるのだろうか？　たとえば、人はどのようにして、フットボールで背中に負った怪我の痛みと、試合を続けることによって、潜在的に儲かる仕事を

序論——哲学と倫理学

失うリスクを測れるのだろうか？　明白な問題は、カント主義の倫理に
も持ち上がる——人がある行為から少しでも喜びを引き出すとしたら、
道徳的行為が存在しないことになるというアイディアを、あるいはそれ
が道徳的であることを停止してしまうといったそれに関連するアイディ
アを、欲しがる人などそもそも存在するのだろうか？　イマニュエル・
カントによると、どんな道徳的価値を持った行為も、厳密に道徳律を認
識し、尊敬することから行われなければならない。したがってたとえば
人が慈善事業に寄附したとしたら、たとえば困窮している子供にクリス
マス・プレゼントを買ったとしたら、そして結果的に子供の喜びを想像
して、喜びや満足を感じたとしたら、その行為は厳密に道徳的とはみな
されえないのだ。なぜなら、人が引き出すその満足感が、行為の主たる
動機である可能性があるからだ。

　要するに、倫理学は私から「わあ！」を引き出さない。これは部分的
には、私たちが皆、日常的な倫理的判断をいつも行っているからだ。メ
ディアで描かれるような——1人分しか薬がないのに患者が2人いる場
合、誰が生きて誰が死ぬべきか？というように倫理的判断が高度にドラ
マティックなケースは非常に少ない。医学においてさえ、このような判
断は極めてまれである（私の内科医の友人のために「神よ、ありがとう！」
と言っておこう）。純粋なディレンマが起こるとき人は、ゼノンのパラ
ドクスが、空間、時間、運動についてのこうした省察を行わせる推進力
であるような方法において、人の根本的な前提について哲学的な精査を
強いられることはほとんどない。むしろ行為者は、これかあれかの判断
に動揺しつつ、道徳的に適切な特徴を見出すことを試みるだろう（上述
の医学的事例において、1人の患者が子供をたくさん殺害した人間だと
いう事実は、誰が薬をもらうべきかという難題を打破するのを助けるこ
とだろう）。

　したがって、1950年代、60年代、70年代に訓練された多くの若い哲
学者たちにとって、ショッキングな結論を引き出すことができず、特別
に世界を変えるためには何もしないようなものとして教えられた倫理学

5

は、むしろさえないものに見えた。70年代には、「応用倫理学」は静かに話されるのが聞かれはしたが、嘲笑的に言及されるもので、「良い」哲学部においては決して扱われなかった。この時期の突出した社会的混乱を思えば、このすべてが奇妙だ。私が70年代半ばに動物倫理の仕事を始めたとき、コロンビア大学におけるかつての同級生たちから、「本当の哲学」から逸れないようにと警告するたくさんの手紙を受け取った。私自身もかなり長い間、この俗物根性と横柄な態度を持っていたことを告白しなければならない。そしてとても賢くとても馬鹿げた分析哲学者によって共有された、まったくの厚顔を持って、それがまったく失敗の歴史だったという理由で、哲学史は健全な哲学教育にふさわしくないと退けた。それが私の専門だということと、歴史上最高の哲学者とされる2人のうちの1人たるアリストテレスでさえ彼の先駆者が問題にしたことを精査することによって思索を始めたのであって、「彼には事実上先駆者などいなかった」ということが私を苦しめたのだ。

第 1 部

動物倫理を作り出す

新しい動物倫理の必要性

　1970年代半ばに、様々な状況がかさなって「倫理」は私にとってとても興味深いものとなった。第一に、哲学史の講義を毎週7時間ずつ8年間行ったことによって、倫理的問題を含め哲学者たちが心を奪われていた諸問題について横断的に見ることを楽しめるようになっていたこと。第二に、ニュースに注目することによって、社会的倫理的「サーチライト」が（環境への関心同様）動物についての事柄に焦点を当て始めたことが、私にとって明白となったが、それを指導し維持しこの領域の進歩を導く有効な倫理が存在しなかったこと（環境倫理もこのあと発展し始めた）。第三に、長年動物への関心をもっており、動物は、その社会的利用に従ったあるべき扱いを受けていないと気づいていたこと。この関心から、私は哲学史を違った視点で見ることを始めたのだが、とくに哲学者たちが道徳的な注目や道徳的考慮を充分動物に与えていない理由を調べた。そして彼らの議論がおそろしく足りないことを発見したこと。第四に、哲学史を再検討する過程で、動物の道徳的地位については、ふたつの重要な例外を除いてほとんど議論されていないことを発見したこと。第五に、私が勤めているコロラド州立大学の、獣医学部の中心的な教授たちから、動物観の社会的変化とそれが獣医療にもたらす実際的な意味に焦点を当てた獣医倫理学の授業を作るよう要請されていたこと。このすべてが私に、動物の道徳的地位について何か助けになるものを書こうと考えさせてくれたが、それは翻って、私に動物の社会的利用

のすべてにおいて、動物がほとんど保護されておらず、いかに緊急に動物保護の仕組みが追加されるべきか理解させ始めた。

また、これらすべての状況が、正統な方法で、哲学的諸問題について何か新しい倫理を発展させようと取り組むことに初めて私を導いた。同様に重要だったのは、このような思索の結果を、どのようにしたら他者に共感的に見てもらえるのかということだった。私は続く40年間これらの問いに悩まされ困惑させられ、私の活動を理論的実践的に形づくる、純粋に哲学的な思索へと急速に入り込んでいった。私の思索の過程で、動物についての新しい倫理を発展させることには、強い制限が存在することが明らかとなった。

1. 後で詳しく議論することになるが、社会に存在すると想定されるどんな倫理も、人々には拒絶し難く、少なくとも理論的レベルでは受け入れるのが簡単だ。プラトンの言うところによると、人を「教えること」ではなく、「想起させること」を目指すべきなのだ。言い換えれば、人々がすでに深く信じていることと合致できなければならないのだ。この戦略は、マーティン・ルーサー・キングJrとリンドン・ジョンソンによって、公民権と差別について成功裏に発展させられた。もし動物のために提案された倫理が、動物は投票権を持つべきだといった非常識なことを肯定するとしたら、一般の人々に影響を与えることはできない。

2. こういった新しい倫理を広めるためには、あまり急ぎすぎてはならない。偉大な急進的活動家であるヘンリー・スピラは、アメリカ史上すべての社会的革命は漸進的であったと、しばしば述べていた。人々が、突然、確立され大切にされている習慣を廃棄する、と期待するのは実際的ではないし現実的でもない。

3. ふたつの極端の中間地点を探すべきだ。たとえば、動物に対する侵襲的な実験の場合、研究者たちは、研究における動物利用には、どんな変化にも対抗して攻撃的に議論する。そして動物利用についての攻

撃的と言えるほど自由放任主義的な態度の継続については、なんでも賛成するのだ。他方、急進的活動家は、動物利用の即時廃止を議論する。結果はもちろん行き止まりであって、現状維持的に働いてしまう。

4. 同様に、提供される新しい倫理と改革のための提案の両方は、必然的に常識と一致することと、単純な普通の言葉で表現することを要求される。

先述したように、歴史上哲学が、動物の道徳的地位についての問題にまったく関わらなかったというのは正しくない。伝統的に最もしばしば言及されるのは聖トマス・アクィナスとイマニュエル・カントだが、18世紀後期に始まったほとんどの文明化された社会における法制度には動物への「残虐性」は強硬に組み込まれず法律外に置かれた。もっとも、動物自体の道徳的地位が否定されていたのだが。このような残虐性への非難は、もし人々が動物に対して残虐であることを許されるならば、いずれそれを「卒業して」人間に対して残虐になるという心理学的事実から生じたものだ。もっとずっと根本的で知的に大胆な動きは、喜びや痛みを感じる能力の上に道徳的地位を基礎づけたことで有名な功利主義哲学者ジェレミー・ベンサムとジョン・ステュアート・ミルだ。このアプローチは、革命的な 1975 年の作品『動物の解放 (*Animal Liberation*)』によって、ピーター・シンガーが使用したものだ。それは、動物に完全な道徳的地位を与える基礎を作る、現代では最初の試みであった。

アクィナスとカントが述べたように、動物自身は直接道徳的地位を享受しない。しかし、動物への許された「残虐性」は、人間に致命的な影響を与える。法制度における残虐性は「常軌を逸して、不必要に、異常に、無目的に、故意に、サディスティックな痛みと苦しみを動物に加えることであり、何ら合法性に資することのないもの」と定義される。そして、ある判事が言ったように「人の必要性に資することがない」ということだ。アクィナスとカントは、もし病的な人々が動物に残虐であることを許されるなら、彼らは最終的には人を虐待するようになると論じ

たが、それは社会的に望ましくない。この洞察は、20世紀の多くの心理学的研究および社会学的研究によって支持されてきた。ほとんどの連続猟奇殺人鬼は、その犯罪に先立って動物虐待の歴史を持つ。リーベンワース連邦刑務所にいる暴力的犯罪者の大部分が、生徒のとき同級生に向けて銃を撃つというような行為に先立って動物虐待の前歴を持っている。おねしょや銃撃とともに、動物虐待は初期サイコパシーの重要な兆候なのだ。

　なぜ私たちは、反残虐性の倫理を、他の動物の扱いをカバーするほどに広げないのだろうか。それは、動物の苦しみのほんのわずかな部分のみが、サディスティックな残虐性によって引き起こされるものだからだ。心理学的な逸脱として記述される残虐性は、産業的農業・動物を用いた毒性試験・そしてすべての形態の動物研究といった、病理学的でない営みから生じる動物の苦しみをカバーできないのだ。産業的状況で、食料として動物を育てる人々、あるいは動物を使って生物医学的研究を行う人々、あるいは動物を傷つけようというサディスティックな動機によらず動物園を運営する人々の営みだ。むしろ彼らは普通、安価で充分な量の食料を供給し、あるいは医学の進歩や教育の機会のためになる社会的善を行っていると信じているし、実際伝統的に社会的にもそのように認識されてきたのだ。人間の手による残虐性の結果によって動物が耐えている苦しみは多くはなく、1パーセント未満だ。

　反残虐性の倫理・法のさらなる弱点は、それらが物理的損害しかカバーしないことだ。心理的損害や拷問は、動物を打ったり他の物理的虐待をしたりするよりもっとずっと破壊的でありうる。しかしこのような虐待は、残虐性の法には見えないので、再びこの立場の概念的不適切性が浮かび上がる（私の友人は若い雌のブルマスティフを若い不良から保護したのだが、この犬は毎朝食事前にペイント・ボールをぶつけられていた。ボールをぶつけられること自体は深刻な痛みを引き起こすものではないとしても、その犬は常に恐れた状態で成長し、見知らぬ人からは隠れるようになり、一生その状態にとどまることになるのだ）。これらの

弱点にもかかわらず、現在アメリカの40州以上が動物虐待を「非行」から「重罪」に格上げしており、動物利用についての社会的懸念が大きくなっていることを示している。

このような状況においては、20世紀以前の哲学における粗削りな動物倫理のための唯一の明確に述べられた基礎として、功利主義だけが残る。先述したようにシンガーは、動物倫理についての最初の包括的な作品『動物の解放』を1975年に出版したとき、ベンサムとミルを引用した。ベンサムは以下のように述べたことがよく知られている。

　　古代の法律家の鈍感さによって、他の動物たちは彼らの利害のために無視され、器物の類にまで貶められた（……）時は流れたが、多くの場所でそれはまだ過去ではなく、動物たちが静かにしているという同じ理由で（……）種の大部分が奴隷的分類の下に扱われていることを、私は悲しんでいる。残りの動物が、暴君の手による以外決して奪われないそれらの権利を獲得する日がくるだろう。フランス人はすでに、皮膚の黒さは、加害者の気まぐれについての補償もなしに、人間が捨て置かれてよい理由にはならないことを発見していた。足の本数や毛の多さ、あるいは尻尾などは、感覚ある存在を同じ運命に放置する理由にはならないことが、いつの日か認識されることだろう。何か他に、これが克服できない理由があるのだろうか？　それは理性という能力、あるいは言語能力だろうか？……問題は彼らが理性的に考えられるかどうかではなく、彼らが話せるかどうかでもなく、彼らが苦しむことができるかどうかだ。なぜ法はあらゆる感覚ある存在を保護することを拒むのだろう？……。人間性がその裾野を、すべて息をしているものに拡大する時が来ようとしている。（1996年、17章）

動物は痛みや喜びを感じる能力があるので、彼らはベンサムによると、道徳的配慮の射程に入る。しかし私は、動物倫理の功利主義的基礎づけ

13

には満足できなかった。まず、倫理のための功利主義的基盤を受け入れない者は誰でも、普通そこから生み出される動物倫理を受け入れないだろう。第二に、社会全体の喜びの最大化と痛みの最小化に倫理を基礎づけることは、あらゆる形の喜びと苦しみの通約可能性を前提している。どのようにして、母親から離されること、焼き印を押されること、無視されること、打たれること、愛情の欠如、怒鳴られること、火傷させられること、飲食を与えられないこと、同種の動物と触れ合えないことといった異なる否定的経験が、あるいは肯定的経験のすべてが、きれいに均一の尺度におさまり、計測され、比較されうるのか、私にはまったく理解できない。さらに、功利主義的原理に従うと、ある行為が痛みより喜びを多く生み出すとしたら、それが憎むべき行為であったとしても、道徳的に受容可能になるように思われる。もし私たちが、人間であれ動物であれ、1900の実験対象に火傷の痛みを与えることによって、2000の火傷の犠牲者の痛みを軽減できるとしたら、そのような実験は、まさにその事実によって、小学校のどこかに置かれた爆弾を無害化するために、それを置いた人間を拷問することと同じように道徳的に受け入れ可能となる。全体主義に導きうる「最大多数の最大幸福」に集中すべきという圧力の下で、マジョリティの利益のためにマイノリティを抑圧することの完全な誤りは、これらマイノリティに与えられた諸権利の問題が消滅してしまうということだ。

　功利主義を、動物倫理を含むすべての倫理の基礎とするには、他にも多くの哲学的問題が存在する。しかしそれは、動物倫理を功利主義的基礎の上に位置づけるにあたって主たる障害というわけではない。主要な問題は、功利主義が、ただ単に、倫理の理論的基礎づけを求めている人すべてに受け入れられていないという事実にある。実践可能な動物倫理を受け入れる必要のある、ほとんどすべての一般の人々を置き去りにしてしまうのだ。ここで重要な点は、もし動物倫理の所与の基礎が、人々の大多数に従うよう強いることをしないならば、それは宗教に似ていることになるということだ。圧倒的な同意による採用よりも、不特定の多

14

様性に開かれるものとなる。そしてそれは、思想史には説得的な力を持って固執するよう強制しうる動物倫理の理論的基礎が存在しないということとして現れるのだ。

この点についてエピソード的に描かせてほしい。私の職業人生のある時点で、私は東洋思想とアジアの宗教を教える韓国から来た同僚と会話していた。彼はしばしばそうしていたのだが、私たち教授陣の給料の安さに文句を言っており、さらなる収入の可能な源について考えていた。半分冗談で私は次のような提案をした。それは彼がとてもカリスマティックで、「アジアの聖人」の役割を上手に果たせるだろうという事実に基づいていた。「カルトか宗教を始めたらどうだい？　もし君が勤勉に働けば、2000人くらいの追従者を惹きつけることができるよ。人々がラエリアン・ムーブメント、サイエントロジー、マハリシなどに金を払うとしたら、東洋思想の君のバージョンを売り込むこともできるさ。君に帰依して祭壇奉仕者になる人のために君が教えるドグマの一部分は、個人的富や財産の断念でもいいだろう。事実上なんでも信じたがる人を1000人見つけることは簡単だろう。もし君が君の指導下に霊的体験を始めるために、ひとりわずか1万ドルを課したなら、すぐに1000万ドル集められるよ。そして大学の給料に頼らなくてもよくなるだろう」

もちろん私はふざけたのだ。しかし、まさしくこの精神において、あまりにも多くの哲学者が、社会において動物の扱いを導き制限しようとする倫理を引き出すという、異常に困難な仕事に臨んだのだった。純粋な数学者のように、彼らは、内的論理的に健全で美的でさえあるが現実とは接点を持たない完全に一貫したシステムを造りあげる。それは、その方法をとる数学者にとっては際立って筋が通っている。純粋な数学はそれ自体としての生命を持ち、現実の世界に適合するように解釈される必要などないのだ。しかしながら倫理においては、現実と調和しない道徳体系には、それがカバーすると主張するものの扱いを高めることにおいて、ほとんど意味がないのだ。実践不能な倫理は、不可能な数学的宇宙とは違って、美しくない。それは他の何よりも馬鹿げている。

たとえば、功利主義的理由のためにシンガー自身が、産業的な動物工場で育てられた農場動物の苦しみを改善する唯一の方法は、肉を食べるのをやめて、ヴィーガンでなければヴェジタリアンの食事を採用することだと論じている。少し考えればこの提案の怪しさが暴かれる。人々は、彼ら自身の健康を改善するため、あるいは彼ら自身の生命を救うために、内科医によってそうするよう助言されたとしてもステーキ、ホットドッグ、ハンバーガーをあきらめないだろう。それゆえ、彼らが哲学的議論によって、そうする可能性は限りなく低い。言い換えれば、成功する動物倫理は、論理的整合性があって、説得力があるだけでなく、実践可能でもあるように見えなければならず、それは人々が弁護し固執することができる現実的解決を提案しなければならないのだ。私たちが後で見るように、雌豚のための小さなストールを取り除くことは、豚の福祉においては大きな改善であり、養豚産業における大変化を要求することなく影響を与えることは難しいことではないのだ。

社会的倫理・個人的倫理・職業倫理

　ピーター・シンガーの著作は大きな前進ではあったが、私が列挙したような問題がある。動物のための新しい倫理を作ることは、行き詰っているように見えた。そのとき突然、私は啓示を得たのだ。私が教えていた獣医倫理学コースを通じた思索の過程において、大多数の市民が支持する倫理も倫理学的理論も存在するということに、私は気づいた。社会において私たちが互いに責任を持つことによる倫理だ。それが、私が社会的常識の倫理と呼ぶものなのだ。

　しばしば混同され、混ぜ合わされてはいるが、ふたつの非常に異なる意味の「倫理」がある。これらについての有効な議論を可能にするためには、まずふたつを区別しなければならない。第一の倫理を「倫理1」と呼ぼう。この倫理は、正誤・善悪・公正不公正・正不正を支配する。「殺人は誤りだ」あるいは「差別は不公正だ」あるいは「同僚をけなすべきではない」「慈善に寄附するのは賞賛されるべきことだ」「中絶は殺人だ」などと主張するときはいつも、明示的あるいは暗示的に「倫理1」に訴えているのだ——人が信じる道徳的規則は、社会と自分自身と、または、獣医師のようなサブ・グループと結びついていなければならない。

　倫理1には、社会的倫理・個人的倫理・職業倫理の区別がある。これから説明するように、これらの中で、社会的倫理が最も基本的かつ客観的なものだ。人々、とくに自然科学者は、科学的判断とは違って、倫理的判断は「主観的」意見であって「事実」ではなく、したがってそれら

17

は合理的な議論と判断の対象ではないと主張する誘惑に駆られることがある。何が正しく何が誤っているかを決めるために、実験をしたりデータを収集したりできないとしても、個人的な気まぐれや移り気に基礎を置くわけにはいかない。もし誰かがこれを疑うなら、外へ出て目撃者たちの前で銀行を襲って、それから法廷で、彼あるいは彼女の倫理的意見によると、金がないときには銀行強盗は道徳的に受容可能だと議論してみればよい。

　言い換えれば、倫理的判断がデータ収集や実験によって実証されないという事実は、それらが単に個人的主観的な意見だということを意味しているわけではないのだ。そう考えるのをやめれば、現実の生活においては社会的に重要な倫理などほとんどなく、主観的な意見に委ねられているということに、すぐ気づくだろう。常識が、他者に衝撃を与える行為の正しさと誤りを支配しており、実際社会的原則において明白に述べられていて、法と政策に法典化されているのだ。

　すべての公的規制は、ポルノ書店の営業範囲を学校の周辺から離すことから、インサイダー取引や殺人を禁じる法に至るまで、同意された倫理的原則は公共政策についてのプラトンの適切なフレーズにおいて「大書されている」のだ。これは、すべての場合において、法と倫理が一致するということではない。私たちは皆、合法的だが一般的に非道徳的だとされている事例を考えられる（たとえば大金持ちが税金を免れるような）。また私たちが完全に道徳的だと考える非合法的な事例も考えられる（2時間駐車スペースに2時間以上駐車するような）。

　しかし多かれ少なかれ、私たちが考えるのをやめたなら、道徳性と社会政策はかなり近いものになるに違いない。ほとんどの人々が、道徳的に受容可能だと考えない政策を立法化しようとしても、その法はまったく使い物にならない。ひとつの古典的な例はもちろん、人々が飲酒するのを止められず、むしろ飲酒代が合法的ビジネスから密売屋に流れていくことになった禁酒法だ。だから、社会的には普遍的に拘束的で、社会的に客観的な倫理的判断が、おびただしくあるに違いない。そのよう

18

な判断が、「水は華氏212度で沸騰する」という信念よりも客観的でないとしてもなお、客観的なのだ（世界が動いている法則によって有効にされるのではないにしても）。それにもかかわらず、それらは社会的振る舞いをコントロールするほどに客観的で、私たちは皆、この種の客観性には慣れている。たとえば、英語の客観的規則では、be動詞のare notをain'tと言うことはできないが、強そうに見せたい人たちはもちろんそう言うし、そうすることは「客観的に」間違っている。同様に、チェスにおいてビショップの駒は、客観的に自分の色の斜め方向のみに動けるのだ。もちろん誰かがビショップを別の方法で動かすかもしれないが、その動きは客観的に間違っており、その人は「チェスをして」はいないのだ。

　私たちが社会の構成員全員について普遍的に拘束的で、社会的に客観的だと信じている倫理的規則のこうした部分を、私は「社会的常識の」倫理の部分だと考えている。このような常識の倫理が存在しなければ、私たちは決して共に生きることができないということを、一瞬の省察が露わにする。私たちは混沌と無政府状態に陥り、「社会」の存在は不可能となる。これは、存続しようとするどんな社会においても同じだ——すべての人の振る舞いを支配する規則が存在するに違いないし、それらは法律において客観的に記述されているはずだ。その規則はすべての社会にとって同じでなければならないのだろうか？　答えはもちろんノーだ。諸社会の倫理的多様性には限りがないことを私たちは皆知っている。少なくともこれらすべての倫理において、共通の核が必要とされるのだろうか？　これはむしろ私が後で扱う根本的な問題だ。しかしながらその際、私たちは皆、私たちが拘束されている社会における同定可能な社会的常識の倫理の存在については、同意する必要がある。

　今、社会的常識の倫理は、倫理的に妥当な生のすべての諸領域を規制していない——振る舞いのある領域は個人の裁量に任されている。すなわち、もっと正確には、彼または彼女の「個人的」倫理に委ねられている。何を読み、どの宗教を実践し、あるいは実践せず、いくら慈善に寄

附するかといった事柄は、私たちの社会では、正しさと誤りについての、また善と悪についての個人の信念に委ねられている。もちろんこれは、いつもそうだったというわけではない。これらの例はすべて、中世には、神学に基礎を置く社会的常識の倫理によって専有されていたものだ。そしてこの事実は、社会的常識の倫理と個人的倫理の関係について非常に重要な点を描き出す。社会が時間とともに進化し、変化するに伴って、行為のある領域は、社会的常識の倫理の問題から個人的な倫理へと移動するかもしれないし、逆も然りだ。

　最近社会的倫理および倫理を反映する法律から、個人的倫理へと移動した良い例は、性的振る舞いの領域だ。かつては法が同性愛的振る舞い・姦淫・同棲のような行為を制限していたのだが、これらは、西側の民主主義社会においては、現在ますます個人的倫理に委ねられるようになっている。他者を傷つけない性的振る舞いは社会的規制の対象ではなく、むしろ個人の選択の問題だという見方が、60年代に出現して以来、これらの行為の社会的規制は衰退した。数年前、マスメディアがとても嬉しそうに、コロラド州の大学町グリーリーにおいては、依然として同棲を犯罪とする法律があるということを報じていた。ラジオとテレビのレポーターは、これについて話すとき笑っていたが、もしこの法が強制されるとすれば、グリーリー市民の多くが監獄行きになってしまう。現在を生きている私たちは、皆気づいている。同性愛的指向は、急速に社会的法的非難から離脱しつつある——私たちは社会的法的な同性婚の受容の増加を目撃している。

　他方で、振る舞いの多くの領域が、かつては個人的倫理に委ねられていたが、社会的倫理によって適切なものにされてきたということに、私たちは留意しなければならない。私が育ったとき、社会が個人的選択に委ねていたことの典型例は、誰に土地を貸したり売ったりするかや、誰を仕事に雇うか、といったことに代表されていた。支配的な態度は、これらの決断は個人的なことだということだった。もちろんこれは、もはや事実ではない。連邦法は今、不動産の賃貸や売買、雇用と解雇を統制

している。

　一般的にこのような例は、個人的倫理によって「不公正あるいは不正」として扱われるとき、社会的倫理によって適切化される、というように描かれる。これらのことを個人的倫理に委ねることによって生じるマイノリティへの賃貸や売買、雇用について、広く浸透している間違いは、社会によって不正とみなされる状況へと進み、これがこのような不公正に対する強い社会的倫理的規制の条文へと導くのだ。私たちがこれから見るように、社会がこれらのことを個人的裁量にまかせることから生じる不正について、疑問を持ち始めるのに伴って、社会における動物の扱いもまた、社会的常識の範囲に移動してきている。

　倫理1の第三の構成要素は社会的常識の倫理と個人的倫理に加えて、職業倫理だ。ある職業人は、まず社会の構成員——市民——なので、盗んではならない、人を殺してはならない、契約を破ってはならないなどといった社会的常識の倫理のすべての側面に拘束される。しかしながら、人が専門職——内科医、弁護士、獣医師——ならば、特化した重要な機能を社会において果たしている。この種の役割は、特別な勉強や特別な訓練を、そして普通の人々が直面しない特別な状況に関わることを含んでいる。内科医や獣医師といった専門職はたとえば医療行為を行う、手術を行うといった認められた特権を行使する。民主的社会は、専門職にいくらかの自由裁量の余地を与え、専門職は所与の技術的な性質とそれを行う者が持っている特殊な知識によって、彼らが直面する倫理的問題を社会全体より理解するだろうと前提する準備ができている。したがって社会は、一般的に専門職が自分たちの行為の規則を設定することを認める。言い換えれば、社会的倫理は、一般的規制を提供し、専門職の生活が行われるステージを作りだし、そして、社会のサブ・グループを構成する専門職は、彼らが日常的に扱う特殊な状況を含む彼ら自身の倫理を発展させるよう期待されている。つまり社会は「自分たちを規制せよ。もし私たちが充分にあなたたちのしていることを理解していたなら、あなたたちを規制するように」と専門職に言っているのだ。この状況ゆえ

に、専門職の倫理は、社会的常識の倫理と個人的倫理の中間にある。社会のすべての人々に適用されるわけではないし、厳密に言えば、主たる部分は個人に適用されるのでもないからだ。たとえば、人の精神科医の一般的規則では、自分の患者とセックスしてはいけないのだ。

　社会的常識を反映し調和した職業倫理と一致した専門職を営むことに失敗すると、当該専門家が「自律性」を失う結果を招くかもしれない。たとえば、立法によってヘルスケアを支配しようという最近の試みは、人間の医師のコミュニティが社会的常識の倫理と充分一致することに失敗した結果だと論じることができる。病院が貧しい人々や、年老いた卒中患者を見捨てるとき、あるいは保険会社が既往症についての補償を提供し損なったとき、あるいは小児外科医が子供の麻酔に失敗したり、同一の症状を持つ大人に比べて少年に充分な無痛法を行わなかったりするとき、彼らは社会的倫理と一致しておらず、社会が適切な規制をこうした振る舞いに行おうとするのは単に時間の問題だ。獣医療においては、40年以上前の製薬会社の無責任な使用および調剤（農場動物における成長促進のための抗菌剤使用が、それらの薬剤に対する病原菌の耐性を生み出し、人間への脅威を作り出した）への増大する社会的気づきが、適応外の（製造者によって指示されていない方法において）薬剤を処方するという獣医師の特権——その差し止めが真の意味において獣医師を無力化するような特権だといえる。なぜなら、ごく少数の薬剤しか動物には認められておらず、獣医療は適用外の薬剤の使用に強く依存しているからだ。農業における抗生剤の過剰使用は、今も存在する——アメリカで製造される抗生剤の大部分が、成長促進のために、あるいは農場動物が飼養されている狭くて病原体のいる状況を制御するために、食料となる動物に使用されている。ジョンズ・ホプキンス大学の自然科学者たちがアメリカのデルマーヴァ地域（デラウェア・メリーランド・ヴァージニア）で水のサンプル調査をしたところ、人間に使われる最先端の抗生剤バンコマイシンが検出され、彼らは衝撃を受けた。それらのサンプルの中では、薬剤耐性菌が「標準的な」抗生剤に現れた場合人間のため

だけに使うようにとっておくべき薬剤が、工場で家禽を飼うことを可能にするために使われていたのだ。

したがって、私たちが倫理1を見てきた限りでは——人々の正誤・善悪・公正不公正・正不正の見方を支配する一連の原則は、さらに社会的常識の倫理、個人的倫理、職業倫理に分けることができるのだ。今私たちは、これよりもっとなじみのない2つ目の概念「倫理2」について考えなければならない。倫理2は、倫理1の論理的・合理的な研究および精査であり、それは倫理1の原則の一貫しないところを探し、無視され気づかれないできた原則を引き出し、究極的にはすべての社会が同じ倫理を持つべきかといった問いを扱わせる。この倫理の第2の意味——倫理2——は、したがって哲学の一部分だ。私たちがこの本の中で行おうとするのは、ほとんどが倫理2で、倫理1の論理を精査することなのだ。古代アテネにおけるソクラテスの活動は、倫理2のひとつの形態だった。一方で私たちは、社会において両親・教師・教会・映画・本・仲間・雑誌・新聞、それにマスメディアから倫理1を学ぶのだが、哲学部の倫理学のクラスをとらない限り、訓練された体系的な方法で倫理2を扱う方法を学ぶことはない。ある意味で、これは問題ない——大多数の人々は、倫理2に関わることなく、勤勉に倫理1を行う。他方、倫理2——倫理1に対する合理的批判——を扱うことに失敗すると、倫理1における不統一と一貫性のなさは、気づかれず、認識されず、正しくもない状態に導かれるかもしれない。すべての人が日常的に倫理2を扱う必要はないにせよ、少なくともある人々には、それが社会的常識の倫理でも、個人的倫理でも、職業倫理でも、倫理1の監視をするべきだ。このような監視は、私たちが、無視されてきたか探られずにきた問題を探り出すのを助け、私たちが倫理的に進歩するのを助けるのだ。

私が短く触れたように、倫理学理論は、何が道徳的派生物の領域に入るかを決定する。しかし倫理学理論はまた、競合する倫理的諸原則の間の裁定にも貢献するのだ。だから私たちは、個人がどのようにして合理

的倫理的に決断しうるか、そして自分の意見に反対することが想定される他者を、いかに合理的に納得させられるのか（あるいは納得させようとできるのか）を見てみよう。まず、当該状況におけるすべての倫理的に適切な構成要素を定義しようと試みるべきだ。その状況はこうして分析され、その答えは社会的倫理によって与えられるのではないと仮定するなら、次に何を行うべきだろうか？　ここで私たちは哲学者ルドヴィッヒ・ヴィトゲンシュタインからヒントを得ることにしよう。そして私たち自身に聞いてみよう、どのようにして私たちは正誤・善悪を学んだのか、と。子供として、私たちはたとえば、自分の兄弟のチョコレート・プディングに手を伸ばして、母親から「ダメ！　それは間違いよ！」と言われたことがあるかもしれない。言い換えれば、これが、ある行為が誤っていることを学ぶ方法なのだ。あるいは兄弟とチョコレート・プディングを分け合ったのをほめられて正しいことを学ぶ方法なのだ。私たちは大きくなると、この特定の場合に兄弟からチョコレート・プディングを無理やり取り上げて学ぶことから、許可なしに誰か他人のものを取り上げるのはよくないというより抽象的な一般化へと進み、さらに「盗みは誤りだ」という抽象的一般化へと進む。言い換えれば、私たちは、道徳的信念において「特定の場合」から「一般化」へと昇華するのだ。ちょうど私たちが世界に対する自分の知識において、「ラジエーターを触ってはいけない」から「触れると火傷するから熱いものに触れてはいけない」へと昇華するようなものだ。

　私たちが成長とともに学ぶ道徳的諸原則（あるいは倫理1の諸原則）について倫理学的な一般化をしてみよう。私たちははじめ、主として両親から学び、成長に伴って、他の多くの源からもそれらを得るようになる——友人、仲間、教師、教会、映画、本、ラジオ、テレビ、新聞、雑誌などから。私たちは以下のような諸原則を学ぶ。「嘘をついてはいけない」「盗んではいけない」「人の気分を害してはいけない」「（違法な）クスリを使ってはいけない」「自分で自分を守れ」。もちろん他にもたくさんある。ついには、私たちは道徳的諸原則でいっぱいのクローゼット

を丸ごと持っているのと同じような気持ちになるが、それらを私たちは（理想的には）適切な場面で取り出すのだ。ここまでは充分シンプルだ。問題なのは、ときどき二つか三つの道徳的諸原則が状況に当てはまりそうなのに、明らかに互いが矛盾しあうということだ。このディレンマが起こりうる多くの状況を想定することは容易だ。

　たとえば、私たちは皆「嘘をついてはいけない」という原則と「人の気分を害してはいけない」という原則を学ぶ。しかしこれらは、同僚か私の妻が「私の新しい300ドルのヘアスタイルはどう？」と私に聞いてくるとき、私の審美眼からすれば変だと思う場合には、社会的倫理的状況において葛藤を生じさせるかもしれない。同様に、牧場育ちの男子学生の多くが、このような緊張関係を経験する。彼らは一方でクリスチャンとして育てられており「もう一方の頬をも向けよ」という原則を教えられている。他方で彼らは「なめられてはいけない。自分のために闘え」とも教えられている。三つ目の例は、女性の同僚から聞いた話だが、彼女は「純潔でいなさい」ということと「人の気分を害してはいけない」ということの両方を教えられているために、デートするとき大きな不安に苦しむそうだ。諸原則はまた、専門職倫理の状況においても矛盾することがある。他のすべての専門職と同じように獣医師も、矛盾する諸原則に直面する——実際、明白な葛藤を見るためには、伝統的な獣医師の誓いを見るだけでよい。たとえば「科学的知識を進歩させよ」という命令と「動物の苦痛を緩和せよ」という命令との間には、科学的知識は、しばしば動物の苦痛によって進歩するものだから、一定の緊張関係がある。

　このような葛藤に直面するとき、私たちの多くはそれに気づかない。カウボーイの学生があるとき、内的葛藤（「他の頬をも向けよ」と「いじめられてはならない」の間にある）について私に言った。「何が問題なんですか、先生？　教会では『他の頬も向けよ』に、バーではもうひとつの原則に従えばいいんですよ」と。明白なのは、この答えにはまったく満足できないことなのだ！

このような葛藤を解決するカギは、どのように諸原則の間に優先順位をつけるか、だ。それらが同じ優先順位を持っているとしたら、明らかに行き詰ってしまう。だから私たちは、当該状況の中で、どちらの原則がより大きなウェイトを与えられるべきかを決め、その評価において一貫性を保ち、同じような状況つまり類似した状況で道徳的に適切な優先順位をつけられるような「高次の理論」を必要とするのだ。この見方において、科学における理解のレベル（すなわち世界についての知識）と倫理の間に、おそらく納得できるアナロジーを引き出すことができるだろう。科学においては、個別の経験（たとえば運動する物）から始まり、それから運動のいろいろな法則を学び（天体の運動、ケプラーの法則、地球の運動）、最終的には多様な法則を、そこからすべてが派生してきたといえる、もうひとつのより一般的な理論のもとに統合する（ニュートンの重力についての一般理論）。同様に倫理においても、特定のことが間違っている（あるいは正しい）と気づくことから始まり、諸原則へと進み、優先順位を持つことと原則を適用すること両方のために優先順位をつけ、説明し、合理性をもたらす理論へと昇華させるのだ。諸理論もまた、直感的に問題があると推測できるが整理はできていない状況において、倫理的要素の同定を助ける。

　このような倫理的理論を構築することは、プラトンから現在まで哲学者に独占されてきた。広まっている多様な理論を調べることは、この議論の射程を超える。しかし私がすでにほのめかした、倫理的理論においてきれいに両極端を代表する二つの顕著に違ったシステムを見てみる価値はあるし、もっと重要なのは、私たち自身の社会的常識の倫理がしたがっている理論においてそれらを統合することだ。

　倫理的理論は二つの主要なグループに落ち着く傾向がある——善悪を強調するグループすなわち行為の結果を重視するグループと、正誤あるいは義務を強調するグループすなわち行為の本質的特性を重視するグループだ。前者は結果主義とか目的論と呼ばれる理論だ（ギリシア語のtelos（複数形はteloi）は「結果」「結末」「目的」を意味する）。後者は

義務論的な理論（ギリシア語の deontos は「必要性」あるいは「義務」を意味する）——言い換えれば何かをするよう義務づける理論だ。最もよくある義務論は神学に基づくものだが、行為が神によって命令されるゆえに義務的になるのだ。

　私たちの社会的常識の倫理は、そしてこの倫理が依拠している理論はどのようなものだろうか？　それは基本的にアメリカ合衆国憲法とそこから歴史的に派生した諸法律に記され言い表されている倫理で、他の西側民主主義社会の法においても、いくらかの多様性はあっても同じ倫理だ。この倫理を理解するためには、私が本書のはじめの方で簡単にしたように、歴史的に対立する主要な倫理理論を比較する必要がある。

　最もよく知られている結果主義の理論は功利主義だ。これは歴史を通じて様々な形態で現れてきたが、先述したように、最も有名なのは 19 世紀の哲学者ジェレミー・ベンサムとジョン・ステュアート・ミルだ。功利主義者が提示する、最も単純な形においては、功利主義とは、所与の状況において、人は最大多数の最大幸福を作り出すべく行動すべきとするものだが、ここで幸福とは、喜び、そして痛みの欠如と定義される。功利主義の諸原則は、不幸より多く幸福が作り出される傾向のある行為の道筋についての一般化だ。諸原則が競合する状況においては、どちらの行為の道筋が最大幸福を生み出しそうかを計量することによって決定される。したがって、誰かが私に新しいヘアスタイルについて尋ねるというささやかなケースにおいて、私はイマイチだと思うのだが、彼女の感情を傷つけたくないので、何の害もなさそうな「小さな罪のない嘘」をつくことになるが、そこで真実を語ることは、敵意と悪感情を結果するだけなので、前者の行為をとるべきなのだ。私たちが見てきたように、ベンサムとシンガーは、動物倫理を功利主義理論に基礎づけている。

　この種の理論には多くの問題があるのだが、しかしそれはこの議論の射程を超えている。ここで唯一適切な点は、このような理論を一貫させれば、意思決定のための上位の規則を提供することによって、「嘘をついてはいけない」と「人の気分を害してはいけない」との間の葛藤を解

決できるということだ。

とてもリベラルな両親のもとで育った私たちのような人間は、功利主義的アプローチをすぐに認識するだろう。このような両親がディレンマにどう立ち向かうのかを想像してみよう。あなたは、結婚している女性と不倫関係に入ろうとしている。あなたは、彼女が不治の病で、彼女が何をしようと気にしない、ひどく悪質な虐待をする夫によって蔑まれ棄てられているが、それにもかかわらず彼がサディスティックにも離婚してくれないので、彼女は死ぬ前に束の間の幸福をつかもうとしている、と説明したとする。この両親は「姦淫は普通間違っているし、たいていは大きな不幸を生み出す。でもこの場合は、たぶんあなたたち2人とも、互いに愛し合う喜びにふさわしいだろう……誰も傷つかないのだし」と言うだろう。

他方、ドイツ系ルター派キリスト教徒の両親に育てられた人たちが、同じ話を両親にしようとするなら、非常に違ったシナリオが想像されるだろう。その両親は「私は結果がどうなろうと気にしない——姦淫はいつも誤りだ！　以上！」と言いそうだ。これはもちろん極端な義務論の立場だ。この立場による、歴史上最も有名な合理的再構成は、ドイツの哲学者イマニュエル・カントの『道徳の形而上学的基礎』に見られる。カントによれば倫理は、理性的存在だけにあるユニークなものだ。理性的存在は、そうでない存在とは違って、数学や科学などの普遍的真実を形成することができる。動物は言語を欠いているため、単純に「すべてのXはYである」といった考え方をするメカニズムを持っていないのだ。理性的存在として人間は、生のすべての領域において、理性のための努力に拘束される。行為の領域における理性は、もしすべての人が、あなたが振る舞おうと考えるように振る舞うならば、世界はどのようであるかを考えることによって、普遍性の試験として考えられる行為の原則に従う。カントはこの要請をカテゴリー的命令形、すなわち普遍性の試験による、すべて理性的存在がしようとする行為の要請、と呼んでいる。言い換えれば、あなたが、醜いヘアスタイルのディレンマのように、

28

明らかに無害な場合に「罪のない嘘」をつこうかどうか決めようとしていると想像してほしい。それをする前にあなたは、それがあなたに提示するカテゴリー的命令形によって「あなたの行為が普遍的法則とみなされるように行為しなさい」という試験をしなければならないのだ。あなたは嘘をつく前に、もしすべての人が、それが便利なときにはいつでも嘘をつくことが許されるなら、何が起こるかを考えねばならない。そのような世界では、真実を語るという概念が意味を失うので、嘘をつくという行為の意味もなくなる。言い換えれば、誰も人を信じられなくなるのだ。

　したがって、嘘の普遍化は、あなたが熟考しているその行為の可能性を破壊する状況を導き、ゆえに「与えられたケースにおける善悪の結果にかかわらず」理性的に防御可能ではなくなる。同様に、姦淫というあなたの行為を同じ試験にかけてみると、姦淫が普遍化されると結婚制度が破壊されるので、翻って姦淫も不可能になる。ゆえに、諸原則の競合状況においては、普遍化しえない選択肢を拒絶せねばならない。

　カントは、彼の説明のほかの含意を説明しつづけるが、それは「他の理性的存在を、常に『道具』としてではなく『目的』として扱うべきだ」という結論を含むが、これは私たちの例には不適切だ。カントの理論は、いくつかの激しい批判を受ける可能性もあるが、それについてここで議論する必要はない。個人的倫理も社会的倫理も、振る舞いと行為における一貫性を保証するための諸原則に優先順位をつけられるような、何らかの理論に基礎づけられなければならない、という点が重要なのだ。

　私たちが個人として固着する理論が何であれ、それが一般的に道徳性の要求に適していることを保証するために、注意深くあらねばならない。適切に平等な人々は、平等に扱われねばならない。類似のケースには同様の扱いをしなければならない。道徳的に不適切な理由（髪の色など）で個人をえこひいきすることを避けなければならない。それは公正でなければならず、気まぐれな変化にしたがってはならないのだ。

　明らかに社会は、社会的常識の倫理を支える何らかの上位概念を必要

とする。実際このような必要性は、すべての社会が道徳的問題の根本的な葛藤——「集団・国家・社会の善」対「個人の善」——に直面しているということに気づくやいなや、明白になる。この葛藤は、市民に命の危険がある軍事的要求をするような場合や、課税によって立法者が富の再分配をするような場合のように、明らかにほとんどすべての社会的意思決定において存在する。あなたを戦場に送るのは社会の利益だ——しかしあなたにとっては利益ではないかもしれない。殺されるか障害を負わされるかの危険があるのだから。社会的なプログラムを支持するため、あるいはより単純に貧しい人々の生の質を改善するために、豊かな人々から金をとるのは社会の利益だが、しかしそれはほぼ確実に、豊かな個人にとって、それほどよいことではないのだ。

　社会が違えば当然、この葛藤を解決するために形成される理論も違ってくる。全体主義的社会では、集団・国家・ライヒ・あるいは何にせよ集団的な本質を持つものが、常に明白に個人に優先する、という立場をとるだろう。スターリンのソ連、ヒトラーのドイツ、毛沢東の中国、そして天皇の日本は、社会が個人に優越することを前提としている。他方、スペクトラムの端には、1960年代にあったような、個人の意見に完全な優越性を与え社会を個人の集合体以外の何ものとも見ないような、無政府主義的コミューンがある。明らかに、社会はスペクトラムにしたがって、別の高次の理論によって動かされている。

　私たちの、あるいは他の民主主義的社会において、個人と社会の間にある緊張を解決するために、どのようにしてその倫理は働くのだろうか？　私の見方では、アメリカは歴史上、社会と個人の利益を最大化するための最も良いメカニズムを発展させてきた。私たちがほとんどの社会的決定を、最大多数の最大幸福を生み出すことによって、すなわち功利主義・目的論・結果主義的倫理のアプローチによって行っているとはいえ、私たちは「多数の専制」あるいは個人が一般的善の重みの下に沈められてしまうことを、うまく回避している。私たちはこれを、個人はある意味で不可侵だと考えることによって行っているのだ。とくに、こ

れらの個人の特質は、彼あるいは彼女の「人間としての本質」を構成するもの——アリストテレスが「テロス」と呼んだもの——だと信じており、ほとんどどんなコストを払ってでも守る価値のあるものだと考えているのだ。個人はその本質によって、考え、話し、拷問されるのを望まない社会的存在で、彼らが適切だと見るものを信じたがり、自分の考えを自由に話したいと望み、彼らの選択について他の人たちと集まる必要を持ち、財産を得ようとしたりすると私たちは信じている。私たちはこの、個人の中に実体化した人間の本質についての見方からくる人間の利益を採るが、それらの周りには、それを保護する法的・道徳的フェンスが建てられている。そのフェンスは、これらの利益を一般的善の力強く威圧的な効果からさえも退ける。社会的利益に対抗してでも個人の人間として基本的な利益を守るフェンスは、権利と呼ばれている。私たちは、ただ社会が個人の権利を尊重するということだけでなく、暴虐にもそれらの権利を押しつぶそうとする他の社会に、私たちが制裁を加えることによってもそれを守るのだ。

　要するに、私たちの社会的倫理の背後にある理論が、功利主義と義務論の中間地点あるいは統合を代表するということだ。一方では、社会的決定が、最大多数の最大幸福にアピールすることによってなされ、葛藤は解決される。しかし一般的福祉を最大化する場合はいつでも、個人の人間らしさを構成する基本的利益が抑圧されうる。個人の人間としての本質にしたがって——テロスにしたがって——そして、権利によって保証され、そこから派生する利益にしたがって、一般的福祉は義務論的理論的構成要素によってチェックされる。

　動物に道徳的領域を導入する社会的常識の倫理という概念を、どのように使うかを示す前に、ひとつの概念的障害を乗り越えなければならない。これは倫理相対主義からくる古代からの異論だが、すべての倫理的立場はひとしく有効だと主張し、どんな社会（や個人）も、他の社会（や個人）より良い倫理をもっているとはいえないと主張する。たとえば古代ギリシアのソフィストは、ギリシアにおいて近親相姦は忌まわしい道

徳的罪だが、エジプト王家では通例だったと指摘した。この相対的立場
は、依然として、倫理を事実というより「意見」とみなす大学1年生や
科学者の間に見られる。

　相対主義には多くの反駁が存在するが、ここでは二つを見てみよう。

1.　相対主義は自分自身を掘り崩す。相対主義はすべての倫理的立場は
　　ひとしく有効で真だと主張する。これによって、相対主義者は、彼自
　　身の立場がとくに優れた有効性を持っておらず、相対主義の正当性を
　　否定する倫理的立場も、相対主義と同じくらい真だと認めることにな
　　るのだ。
2.　競合する倫理を判断する条件は存在する。確かに、諸国民（や諸社
　　会）によって倫理的アプローチが異なることは真だ。しかしながらそ
　　れは、すべての倫理的アプローチがひとしく有効だということを意味
　　するわけではない。おそらく私たちは、倫理の基本的目的を、またそ
　　もそも倫理が必要だという理由を比較することによって、異なる倫理
　　的見方を判断することができる。

　この議論で先述したように、行為の規則は、人々がともに生きるなら
ば必要だ――もちろん人はそうしなければならないのだ。このような規
則なしに、人々が何でもやりたいことをすれば、カオス、無政府主義、
そしてトマス・ホッブズが「万人のための万人の闘争」と呼んだものが
生じる。このような社会がどのようなものかは、戦争、洪水、停電、他
の自然的あるいは人工的災害時に起こることから学ぶことができる。フ
ィクションやドラマの永続的源たるこのような状況は、略奪・強奪・強
姦・窃盗・食糧や水、薬などの必要性によって起こる闇市での高騰を導
く。

　どのような規則が、社会によって命じられる必要性に最もふさわしい
のだろうか？　私たちは普通の経験や常識をとおして、どういう種類の
ことが人々にとって重要なのかを知っている。生命と財産の安全性はそ

社会的倫理・個人的倫理・職業倫理

のような必要性のひとつだ。他者が私たちに言うことを信用できるということも別の必要性だ。自分の選択で何かを捨てられることが第三の必要性だ。明らかに、ある道徳的制約、原理、理論は、これらの必要性から生まれる。合理的な自己利益は、もし私があなたの財産を尊重しないなら、あなたは私の財産を尊重する必要性を感じないだろうと言う。なぜなら私は私の財産を大切にし、あなたはあなたの財産を大切にするが、私たちは常に自分の財産の見張りに立っているわけにはいかないから、私たちは盗まないということで「同意して」おり、この同意を道徳的原則として受け入れているからだ。同様の同意が、殺人、強盗などの禁止のためにもたくさんある。同様に、嘘をつくことに対する禁止は、当然コミュニケーションは人間の生にとって本質的で、コミュニケーションの前提は、一般的に人々は本当のことを言う、という事実に基礎づけられている。

　同様に私たちがすでに見たように、カントは理性に基礎づけられる事実から、道徳についてある結論が引き出されると強調している。合理的な間違いを犯しうる最もありそうな原因は、自己矛盾だということに、私たちは皆同意している。分別があるために、あるいは合理的であるために、私たちは一貫していなくてはならないのだ。ある思想家たちによると、黄金律にとてもよく似たものが、一貫性の要求の自然な帰結だ。言い換えれば、私は何らかの方法で害されうるし、他者に助けられ、害を避け、私の必要と目的を満たしたいと願う——そして私はまったく同じ特徴があなたにあり、同じ懸念を持っているのを見る。したがってもし私がある何かを私になされるべきではないと信じるなら、私たちの間にある相似性によって、あなたも、私によってもあるいはどんな人によってもそれをなされるべきではないということに導かれるのだ。実際私たちと他者の相違に焦点を当てるのは、実際この蓋然性の高い種類の推論を回避するためなのだ。たとえば皮膚の色、出自、社会的地位、遺産、系図、何にせよあなたと私を、彼らと私たちを異ならせるものに焦点を当てるのだ。私が自分について、また自分のものについてする配慮を、

33

他者に適用しなくてよいことにするためだ。文明の歴史はある意味で、性や皮膚の色のような、人がそれによって扱われるのがふさわしくない相違を捨てる歴史だ。要約すると、正義の概念のいくらか——同等の者は平等に扱われるべきだ——は、論理からの単純な推論だと言える。

この議論の裏付けとして、少なくとも共通の原則の核は諸文化を横断して比較しても存続すると言うことができる。たとえば黄金律のような教えは、ユダヤ教・キリスト教・イスラム教・バラモン教・ヒンドゥー教・ジャイナ教・シーク教・仏教・儒教・道教・神道そしてゾロアスター教に見出されうる。そしてそれは、ある道徳原則は、共に生きる最低限の要求として、すべての社会で進化するという理由による。財産所有が認められる社会はすべて、窃盗禁止を必要とする。コミュニケーションの必要性は、嘘をつくことを禁止する。殺人は確かに自由に許されることはない、などなどだ。どの場合にも、たとえ哲学的相対主義を引き合いに出したとしても、好むと好まざるとにかかわらず、人は社会的常識の倫理に従わねばならない。

アメリカの民主主義的倫理が最上の社会的常識の倫理だと考える、相対主義に対抗するもっとずっと大胆な議論も存在する。これをかくも大胆にさせるのは、ポリティカリー・コレクトネスが支配的で、多様性と多文化主義に完全に傾倒しないどんな立場も侵食されがちになる社会に私たちが生きているからだ。私は現在のポリティカリー・コレクトネスのイデオロギーを侵す危険を犯したとしても、ある文化の道徳システムが、他のものよりよいということはまったく理解できると主張する。これは直観的に明らかだと思われる。女児に「女子割礼」を行ったり、乳児殺しをしたり、土地を恣意的に取り上げたり、人々を強制収容所に入れたり、レイプを許可したり、肌の色で差別するような文化を、このような習慣を退ける文化と同じように道徳的な文化だと言う用意のある人は私たちの中にはほとんどいない。しかしながら直観に議論の余地はない。しかし私は、プラトン、ホッブズ、ジョン・ロールズのような哲学者たちの洞察を用いて私たちの直観を正当化する議論を展開できると信

じている。

　純粋で完全な道徳性を持つ人だけが、もし生まれ変わったらどのような人生を選ぶかについて賢く合理的な決定をすることができるのだと、プラトンは『国家』の最後の部分で主張している。このプラトンの神話あるいは寓話のひとつの解釈は、人が倫理的システムの役割を理解するのは、どのシステムが他のシステムよりよいかを知る立場にいられるときだけだというものだ。私たちが先に議論したように、ある倫理的システムの明白な目的は、人々が実効を上げてともに暮らせる環境を作ることだが、それというのも人は生まれながらに社会的な存在だからだ。私たちはまた、ホッブズが言うように、倫理の根源的機能は、人々を互いから守ることだが、もっと積極的に言えば、他の機能は集団的努力を容易にすることだというのも見た。もし人々が喜んでひとつの倫理的規則を受け入れるなら、それは部分的には、彼らがそうしないよりそうした方が良くなるからで、彼らがそれらの規則を、社会生活において暗示的な利益と費用を公正に分配する適切なメカニズムだと見ているからなのだ。もしそれが、業績や才能、達成よりも、肌の色、宗教、生まれに強度に好意的なら、その倫理的システムを公正だと考える人は私たちの中にはほとんどいない。

　プラトンの議論に戻ろう。あなたは、生まれ変わるとしたら、どの倫理的システムに生まれ変わるかを選ぶように言われているとする。さらに、ロールズが『正義論』において美しく論じたように、あなたは自分が選んだシステム内での自分の役割をあらかじめ知ることはないと仮定しよう。私たちの多くが、革命前のフランスに貴族として、あるいは古代ギリシアに市民として生まれることを選ぶだろうが、もし奴隷になると知っていたら、誰もそのシステムを選ばないだろう。このような選択に直面すれば、確かに最も合理的なのは、あなたの基本的な利益を、社会的地位、つまり金持ちか貧乏人か、貴族か平民か、白人か黒人か、男性か女性かにかかわらず最大限に守る社会を選択することだ。さらに、どんな合理的な人でも、人の運命が、生まれた家柄や階級やカーストに

よってではなく、その人の達成と能力によって決定される社会を選ぶ傾向がある。もし私たちが、道徳的システムが異なる社会の常識の倫理として機能している壮大さを歴史的に見るならば、現在の民主主義社会は最も恣意的でなく最も公正な道徳的システムだと結論づけざるをえない。そこでは、人の運命は、ほとんどその人自身の手にあり、生まれの偶然性といった不適切な特徴によって決定されるのではない。このシステムは、より大きな公正に向かって進化を続けているように見えるので、私はかなり自信を持って、強く倫理的相対主義を退ける。たとえ私たちの社会とその倫理が、私たちの歴史の中でいろいろな点で主要な恣意的差別と不公正の片棒を担いできたとしても、重要な点は、私たちの社会的倫理が、自らの中に、不正を乗り越えるための修正と変容のメカニズムの種子を持っていることだ。

　20世紀半ば以来、中世のような倫理的に一貫した数世紀に起こったよりも、より多くより深い倫理の社会的変化が起こったというのが非常にありそうなことだ。40歳以上の人は誰でも不公正と不正を取り除く大きな道徳的大変動を生きてきた。それらは、性的革命、公民権運動、そして社会制度による人種差別の終焉、IQ による区別の廃止、同性愛者のための闘争、大学における当局の親代わりの処罰の終焉、消費者保護の始まり、ほとんどの領域での強制的引退年齢の廃止、環境保護主義の大規模な受容、「ろくでなしを訴えろ！」といった考え方の増加、アファーマティブ・アクション・プログラムの履行、ドラッグ使用の増大、アルコール依存症と児童虐待を道徳的悪徳ではなく病気と捉えること、闘争的フェミニズム、主要な社会的懸念としてのセクシャル・ハラスメントの出現、障害ある人々による平等なアクセスの要求、科学と技術に対する民衆の疑いの増加、科学および産業における動物利用に対する巨大な疑問、植民地主義の終焉、ポリティカリー・コレクトネスの出現などだ。これらはすべて、短期間での倫理的変化の巨大さを、そしてより公正な社会に進もうという私たちの純粋な社会的傾向を示す例なのだ。

「想起させる」ことと「教える」こと

　さて今提起されている非常に興味深い問いは、どのようにして個人に、社会のサブ・グループに、社会全体に、倫理的変化が起こるのだろうか？というものだ。周知のように、道徳的判断は実験や世界についてのデータ収集によって正しいか誤っているかを言えるようなものではない——実際この事実の認識が、20世紀の科学をして、科学は一般的に「価値から自由」だし、とくに「倫理から自由」だという誤った結論を出させたのだった。どんな場合も倫理が経験的な情報を集めることによって有効化されることがないという知識は、個人の（あるいは社会の）倫理的信念を変化させる方法は、感情に訴えるかプロパガンダを使うかしかないと、ある人々に結論づけさせる——その場合、理性は何の役割も果たさないのだ。

　倫理的変化がどのように起こるのかについての、明晰にして最上の説明は、ソクラテスとの対話の中でプラトンによって理性的に与えられている。倫理的な事柄を理性的に扱おうとする人々は、理性的な大人を「教えること」はできず、ただ彼らに「想起させること」ができるだけだとプラトンは明確に述べている。他方、自分の獣医学生に様々な犬の寄生虫について教えることはできるし、テストでそれに関連する答えを吐き出すようにと要求することもできる。ところが倫理的な事柄については、たとえば（違法な）ドラッグを使ってはいけない、というような法に具体的に示されている社会倫理の知識をテストする以外にはそれができな

37

いのだ（もちろん子供たちには、倫理を教えられる）。

　数年前、私はこの点を際立たせるような驚くべき経験をした。その年、私はとくに手に負えない獣医学生たちを教えていた。コースの間中、彼らはひっきりなしに、私が倫理的問題を提起するばかりで、「答え」を教えてくれないと不平を言っていた。ある朝私は1時間早く教室に行き、「健康な動物を決して安楽殺してはいけない」「常にクライアントに真実をすべて告げよ」「麻酔なしで避妊手術をしてはいけない」「断尾をしたり耳刻をしたりしてはいけない」などといった規律で黒板をいっぱいにした。学生たちが教室に入ってきたとき、私はこれらの規律を書き写し、暗記するように言った。「これは何ですか？」と彼らは聞いた。「答えだよ」と私は返した。「君たちは学期の間中、答えをよこせと言って私を苦しめてきただろう。これが答えだよ」彼らはすぐに口をそろえた。「答えを教えるなんてどういうつもりですか？」

　これはプラトンの最初の部分を描き出している。理性的な大人に、州都を教えるようなやり方で倫理を教えることはできないのだ。しかし教えることはできないが、想起させることはできるという彼の主張はいったいどういうことだろうか。

　この問いに答えるために、私はいつも武道のメタファーを使う。肉体的な闘いについて話す場合、相撲と柔道を区別することができる。相撲は、ふたりの大男が互いを輪の外に押し出そうとするものだ。100ポンドの男が400ポンドの男と相撲をとるとしたら、その結果はわかりきっている。言い換えれば、単に力に対して力で向かうなら、より強い力を持つ方が勝つのだ。他方、100ポンドの男が柔道を使うなら、400ポンドの男と対等に闘うことができる。つまり自分に向かってくる相手の力を使うのだ。たとえば、相手のあなたへの攻撃の方向を利用するだけで、あなたは自分よりずっと大きい相手を投げることができるのだ。

　あなたが人々の倫理的見方を変えようとするとき、あなたの見方を彼らの見方にぶつけてみても何も達成できない——反撃をくらうだけだ。あなたの望む結論を彼らに引き出させるためには、「彼らが」すでに暗

に信じているが気づいていないことを示す方がはるかによい。これが、プラトンが「想起させること」について言っていることなのだ。

　私の時間をたくさん使って、とりあえずそれを拒絶しようとする人々に動物倫理を解説する場合、私は倫理的相撲が無駄な試みで、倫理的柔道は効果的だと証明することができる。ひとつの良い例が想い出される。数年前、私はコロラド州立大学ロデオ・クラブで、ロデオに関係する新しい倫理について話すよう頼まれた。私が部屋に入っていったとき、2ダースほどのカウボーイが可能な限り後ろの方に座っているのを見た。彼らはカウボーイハットを目深にかぶり、足を机の上に上げ、ふてぶてしく腕組みをして、傲慢に私をあざ笑っていた。私が機転がきくのはよく知られているが、すぐに状況が敵対的だと理解した。

　「なぜ私はここにいるのかな？」と私は問いかけから始めた。返事はなかった。私は問いを繰り返した。「本当に、なぜ私はここにいるのかな？君たちは私を招待したんだから、知っているはずだろう」

　ひとりの勇気ある者が意を決して言った。「あなたは私たちにロデオのどこが悪いのか話すためにここにいるんです」

　私は言った。「聞く気があるのかい？」

　「あるわけないだろう！」と彼らは口をそろえた。

　「そうだとしたら試してみるのは愚かなことだ。そして私は愚かではない」長い沈黙があった。

　ついに誰かが提案した。「あなたは私たちがロデオについて考えるのを助けるためにここにいるのか？」と。

　私は尋ねた。「それが君たちの望みなのかい？」

　「そうです」と彼らは答えた。

　「わかった」と私は言った。「それならできるよ」

　次の1時間、ロデオには言及せず私は倫理の多くの側面について議論した。社会的道徳性と個人的道徳性の性質、法律と倫理の関係、私たちがどのように動物を扱うかについての倫理の必要性。私はカウボーイたちに、後者の問いについての彼らの立場を聞いた。しばらく対話した後、

彼らはみな、最低限の倫理的原則として、くだらない理由で動物を傷つけるべきではないということに同意した。「オーケイ」と私は言った。「議論をやめて15分間休憩をとろう。ホールに出て行って、君たちの間で話し合って、戻ってきたら私に君たち自身の動物倫理の観点から考えて——もし何かあればだが——君たちはロデオの何が悪いと思うか言ってくれ」

15分後、彼らは戻ってきた。みんな後ろではなく前の方に座っていた。クラブの部長が神経質そうに部屋の前方に立ってカウボーイハットを手に持った。何を期待すべきかも知らず、態度の変化が意味するところを知るでもなく私は「君たちはロデオの何が悪いということで意見が一致したんだい？」と言った。

部長が私を見て静かに言った。「すべてです」

「何だって？」私は言った。

「すべてです」彼は繰り返した。「考え始めて、私たちがしていることは、そうしなければならない事情がない限り動物を傷つけてはいけない、という私たち自身の動物倫理を踏みにじることだということに気づいたんです」

「オーケイ」と私は言った。「私は自分の仕事をしたから、もう行くよ」

彼は「行かないでください」と言った。「私たちはこのことをちゃんと考えたいんです。ロデオは私たちにとって大事なんです。自分たちの倫理を踏みにじらずにロデオを続けることがどうやったらできるのか、考えるのを助けてくれませんか？」

私にとってこの出来事は想起を使っているし、相撲より柔道を使って成功した倫理的対話の典型例だ。

この例は、人々の個人的倫理についても使える。社会的倫理（とそれを反映している法）は、今まで本質的にロデオを無視してきた。しかし、この特定のケースで倫理的立場を変更させた論理は、社会的倫理においても同様に変化をもたらす同じ論理だということを理解するのは重要だ。ここでもまた、プラトンが気づいていたように、普遍的に受け入れ

られている倫理的前提の、意識されていない含意を引き出すことによって、永続的な変化が起こっている。

　この点についての優れた例は、一般的には公民権運動によって、より厳密にはマーティン・ルーサー・キング・Jr とリンドン・ジョンソンが、記念碑的な 1964 年の公民権法にいたる思想と政治活動を導いたことによって提供される。機敏な政治家として、とくに南部の機敏な政治家としてジョンソンは、アメリカの人種差別主義者がどのように考えてきたのかを肌で感じてきたのだった。彼は、ほとんどのアメリカ人、ほとんどの南部のアメリカ人でさえ、ふたつの根本的な前提を受け入れる点にまで、時代精神が進んでいることに気づいたのだ。ひとつは倫理的前提で、もうひとつは事実についての前提だった。倫理的前提は、すべての人が社会において平等に扱われねばならないということであり、事実についての前提は、黒人は人だということだった。問題は、多くの人がこのふたつの前提を一緒にして考えたことがなかったので、黒人は平等に扱われるべきだという不可避的な結論に至らなかったということだった。もしこの単純な推論が特定の時期に法律化されればほとんどの人は「想起する」だろう、ということを、そしてその不可避的な結論にひれ伏す準備ができているだろうということをジョンソンは信じていた。もし彼が間違っていたなら、もしそれが、社会の中のサブ・グループが他の人たちに倫理を押しつけようとする（相撲のような）ものだったとしたら、公民権法は、禁止として無意味なものだったろう。

　実際私たちは過去 60 年以上、私たちが受け入れた社会的倫理が無視される結果について、プラトン的な倫理的想起をたくさん行ってきた。私たちは、倫理が公正にも、それを躊躇する何の道徳的に適切な基礎もないときには、黒人にだけでなく女性や他のマイノリティにも広げられてきたのを見てきた。さもなければ、たとえば彼女が女性だからという理由だけで獣医学部への受け入れを拒否すること（70 年代後半までこのような学校にはびこっていた習慣だが）は、人種差別についての私たちの社会的倫理の含意を踏みにじることになるのだ。それにもかかわら

ず、人々に「想起させる」ことは、紙の上での議論は簡単なのにもかかわらず、長く困難なプロセスだ。しかし、それでもなお社会的「想起」は起こっているし、私たちはそういう人々、つまり公民権を与えられず無視されている人々を想起することに、とてもセンシティブになってきている。

　柔道の重要性は——あるいは「想起」の重要性は——強調しすぎることができない。あまりにしばしば私たちは、倫理的な事柄をラインマンのように潰してしまう。上述したように、私たちは、解剖学的近似性のように倫理的にも、相違よりもずっと多く類似していることを忘れてしまうのだ。私たちは皆同じ法の下にあり、同じユダヤ・キリスト教倫理の下にある。同じ映画やテレビ番組を見、同じ新聞や雑誌を読み、文化の大部分を共有している。したがって、もし私が何か道徳的に問題のあることを見つけたとしたら、あなたも同じように感じるだろうと想定することができる——「もし」その問題があなたに示されたら、防衛的になるよりむしろ、進んで省察的に自分の道徳的反応を調べるだろう。したがって、社会的倫理の変化は個人的倫理の変化と同様、想起によって最もよく引き起こされるのだ。

　実際、私がほのめかした過去半世紀以上にわたって起こった公民権のような倫理的革命のほとんどは、社会的想起に依存しているのだ。部分的には第二次世界大戦の間、多くの女性が重要な労働力として防衛産業に進出したことにもよるが、社会は伝統的に憲法や権利の章典によって「保護されるべき人」として女性が見られていたときに比べ、よりよく変化について準備された。非常によく似た「気づき」が、米国障害者法によって、障害を持つアメリカ人の保護にも広げることを助けた。ひとつの社会として、単に車椅子に乗っていることは、内科医・法律家・コンピュータープログラマーあるいは、第二次世界大戦の有名な指揮官ダグラス・ベイダーのように、飛行機にはさまれて足を失った戦闘機乗りとして働けないわけではないということに、私たちは気づき始めたのだ。

　動物が歴史的に享受してきたより高い道徳的地位を動物に与えること

　　　　　　　　　「想起させる」ことと「教える」こと

を邪魔するものは何だろう？　もし人々が、伝統的に制限されてきた動
物のための倫理の拡張を本当に探っているのなら、すでに人々の中に存
在している倫理に注目する方が、まったく新しい倫理を作り出すよりよ
いだろう。擬人化と呼ばれる危険性があるとしても、動物が小さな檻に
閉じ込められているのを見たら「こんな状態で生きていたいなんてこと
があるだろうか」と普通の人々は言うだろう——暗に人に対する倫理的
概念を動物に対して適用しているのだ。明らかに、動物に対しては、社
会的倫理の多くは、適用に失敗しているか不充分にしか適用できていな
いが、しかし人と動物は安全、食糧、水、仲間、刺激、運動、痛みの回
避などといった、他にも無数にある多くの必要と願いを共有しているの
ではないだろうか。そして誰でも私たちの社会的倫理のすべて、あるい
は一部を他の生き物にも広げようとする人々にとって、根本的な問いは
これだ：人と動物の間には、私たちを強制して動物から私たちの道徳機
構のすべてを留保する何か道徳的に適切な相違があるのだろうか？

　この問いに答えることは、1970年代と80年代に動物の道徳的地位を
向上させようとしてきたほとんどすべての思想家のしてきたことだっ
た。この問いに取り組んだほとんどの哲学者は、動物の生と人間の生に
道徳的相違があるとは主張しなかった。彼らの間には「人による動物の
扱いは、私たちが人の道徳的扱いを判断するのと同じ基準によって測ら
れる必要がある」という一般的同意があった。したがってたとえば、よ
り多くの人々が、今日農業が動物に加えている非常に深刻な監禁を、多
かれ少なかれ監禁されている人に適用される非常に厳しい制限を判断す
る基準によって：つまり、拷問を構成するものとして考えているのだ。
もし私たちが苦しむ人を安楽殺するよりもっと簡単に動物を安楽殺でき
るとしたら、それは私たちが、死は動物にとってと人にとってとでは非
常に違うことを意味することに気づいているからだろう。一般に動物に
は未来への「計画」がないので動物にとって生は人にとってよりも「今」
の中にある。他方「私の小説を完成させたい」「アイルランドにもう一
度行きたい」「私の孫が大学を卒業するのを見たい」といったことが含

まれる「計画」は人にとって「生の意味」を決めるものなのだ。未来の視点における相違が、貧弱な定義しかできないのに広く信じられている「人は自由意思を持っているが動物は持っていない」という概念と同様に苦痛を軽くするために人を安楽殺することを躊躇させる。この考え方が私たちに動物を食糧のために殺させる。動物を良い生活のために使うのだ。人の場合、私たちは人の生を「今」の連続よりずっと複雑なものと見ているので、アリストテレスの格言「彼が死ぬまで、人の幸福を測ってはならぬ」がより適切に感じられる。

　他方、人と動物の道徳的適用について連続性を否定しようとする顕著な数の思想家が議論し、ふたつの間の道徳的断絶を支持する条件を提示してきた。こういった主張の多くは、神学に基礎がある。最も有名なものはおそらく、人は永遠の魂を持つが動物はそうでないというカトリックの伝統を通じて存在する見方だが、しかし主要な例外として、ロッド・プリースの著作には非常にうまくできた年代記がある。動物の道徳性についての私の最初の著作は『動物の権利と人間の道徳性』（2006年）だが、これはもともと1982年に出版されたもので、人は動物より力がある、人は動物より「すぐれている」、人は動物より進化の過程を進んでいる、人は理性と言語を使えるが動物は使えない、人は「道徳的主体」たりうるが動物はそうなりえない、そして人は痛みを感じるが動物は感じない、とまでいうような主張を論破することに意を注いだものだ。これら根本的に神学に基礎づけられた議論は、思考と感情のある人とそれらのない動物の間に太い境界線を引いてしまう（動物には知性も痛みを感じる力もないという主張については、1989年の私の著作『無視された叫び：動物の意識、動物の痛み、そして科学』を参照）。すばらしい公的見解は2012年夏にイギリスのケンブリッジにおける国際会議で、科学界が動物には意識があると宣言するまで現れなかった。今日この見解はすべての科学的領域のみならず科学者個人においても普遍的に受け入れられている。私たちはまもなく、動物の知性についての懐疑的見方が埋め込まれているイデオロギーについて議論するだろう。

動物の精神の否定

　動物を道徳的領域から締め出そうと試みてきた様々な伝統による議論すべての中で、最も破壊的なものは、動物に思考・感覚・感情を認めなかったルネ・デカルトにまで遡る。普通の常識的感覚にとっては、対象（存在）に何もすることができなければ、あるいは、それに対して何か起こることを許さず、何ら問題にならないとしたら、それに対して責任を負うことはできない。これが、私たちが、車・ダイアモンドリング・ゴルフクラブや本に道徳的責任を負わない理由だ。私が友人の車を壊しても、私はその車に対して不道徳に振る舞ったことにはならない。ただその車の状態を気にする持ち主に対してだけそうすることができるのだ。もし私が高価な絵を傷つけてしまっても、私はその絵に対して不道徳に振る舞ったことにはならない。その絵の持ち主に対して、あるいはその絵を鑑賞する喜びを断ち切られてしまった無数の人々に対してだけ、そうすることができるのだ。この理由で、動物のためにより高い道徳的地位を弁護する者は誰でも、動物には意識がないという主張に抵抗せず、論破せずにいてはならないのだ。

　私の経験では、ほとんどの普通の人々は、チャールズ・ダーウィンがそうしたように、省察によって動物から人への連続性を認識している。ほとんどの人々は尋ねられれば、動物は思考と感情を持つと認めるだろう。動物を道徳的配慮の射程に入れることについてさらに重要なのは、まさしくヒュームが指摘したように、ほとんどの人はとくに彼らの痛み

45

や苦しみについて動物と感情的に一体化できるということだ（デイヴィッド・ヒュームにとって「共感」は倫理の基礎だ）。

　文字どおり何千という西部のカウボーイとバイカーが、動物虐待や動物の苦しみを描いた映画やニュースやCMをとても見ていられないと告白した——アメリカ動物虐待防止協会のCMはサラ・マクラハランの圧倒的な音楽とともに狩りによって虐待され傷ついた動物を見せて私の知る最も強く最もマッチョな男たちの心を痛撃し、これらのCMが流れたらTVのスイッチを切らずにはいられないと腹蔵なく告白するのだ。

　トルネードや火災といった悲劇を伝えるジャーナリストは、放送局は人に対する悲劇のためと同じように動物の悲劇に対する寄附に対応しますと伝えるだろう。カリフォルニアの若い母親がジョギングコースで子ライオンを連れた母ライオンに殺され、その攻撃性ゆえに母ライオンが殺されたという有名な事件がある。母ライオンを失った子ライオンに対する寄附は、母親を失った子供に対する寄附より多かったのだ。動物園の獣医師をしている私の友人は、トルネードによって親を失った子グマについて同じような話をしてくれた。有名な精神科医である私の親友のひとりは、ニューヨークのハイウェイで車に轢かれた犬を助けるために止まったとき感じた無力の悲しみを、人の医療は知っているが動物の医療は知らず、動物の苦痛を緩和できないことを知って、彼がそこに座ってどれだけ泣いたかを、語ってくれた。ペットを救うために命や手足を危険にさらしながら燃える建物から戻ってくる無数の消防士のことを思い出してみよう。命を脅かすような洪水のとき、当局が「動物を置いて避難しなさい」という命令を出しても、避難を拒否する人々のことを思い出してみよう。2013年にコロラドで起きた夏の山火事のとき、とても感動的だったTVの報道は、身長6フィート4インチ、体重260ポンドのカウボーイが、死んでしまったと思った馬が生きていて再会できたときに、恥ずかしげもなく泣いていたことだった。動物虐待者は、児童虐待者と同じく、仲間の囚人によってもほとんど憐れみをかけられない。

　普通の常識、そしてほとんどの普通の人々が問題を感じない含意の指

し示すところは、動物に――思考・感覚・感情・意思・痛み・悲しみ・喜び・怒り・好奇心などの精神を帰属させるということだ。もし何か問題があるとすれば、ほとんどの人々は動物の認知能力を誇張しているということがある。人間に見られる思考のすべてを無批判に動物にも帰属させることは、確かに科学界がどんな動物の精神の認識もロマンティックな擬人化だと呼ぶことを導く。しかし、多くの人々があまりにも多くの認知能力を動物に帰属させるという議論は、確かに動物の「すべての精神作用」を否定しなければならないということを、必然的に伴うわけではないのだ。前者が起こるのは疑う余地がない。私の妻の教育ある同僚は、彼女の犬が自分の誕生日がいつ来るかを知っていて、その日の特別な食事を楽しみにしていると確信している。言語なしに動物が特定の時間という概念を持つことはできないという基礎の上に、私たちはこのような推測的な主張を捨てることができる。

　私たちはまた、ある状況は動物にとって望ましく、他の状況はそうではないというのを認めることについては、常識に合流できる。ヒュームが指摘したように、動物は一度蜂に刺されるという経験からもう二度と刺されたくないということを学ぶ。哲学史における偉大な懐疑主義者のひとりとしても有名なデイヴィッド・ヒュームは、動物における精神の存在を明白に見ているにもかかわらず、精神・肉体・因果関係・自然の均一性・自然の認識可能性そして科学の確実性を疑っているということにもまた、注意を払う価値がある。

『人性論』の第14項「動物の理性について」においてヒュームは、「明白な真実を否定するのをあざ笑うことの次に難しいのはそれを弁護することだ。そして真実は、動物が思考や理性を人と同じように持っているということよりも、私にとってより明白にはならないのだ。この議論はこの場合非常に明白だ。彼らは決してもっとも愚かでもっとも無知な者たることを免れない」（この最後の文は、デカルトに向けられていると思われる）と述べている。

　一般に、博士・医師・獣医師の学位保持者は、動物の精神について明

白に懐疑的だ。私は、新しい本を出版したすぐ後にハーレー・ダヴィッドソンのショールームに行ったときのことを思い出す。私の知っている店員たちが、私の本についての記事を切り抜いておき、私のためにとっておいてくれたのだった。彼らは私に、この本は何についてのものかと尋ねた。私は、この本は科学者や獣医師に向けて動物が痛みを感じることを証明しようとしたものだと答えた。私は疑い深い挨拶を受けた。「誰がそんなことを知らないっていうんですか？」と。言い換えると、普通の人々は、動物が人と同じように肯定的な感情も否定的な感情も感じることについて一点の曇りもないのだ。

　私が、獣医師の間にある動物の痛みの感覚についての懐疑主義に初めて出会ったとき、動物における痛みの感覚について、またこのような痛みの緩和とコントロールについて一章を書いた、獣医師で博士の人物に電話をかけて尋ねた。彼が、動物が痛みを感じることを否定する獣医師に出会ったことがあるかどうかと。彼は「もちろんだ！」と言った。「そういう人にはどうやって対応するんですか？」と私は尋ねた。強いニューヨークなまりで彼は返答した。「私は彼らに、大型のオスのロットワイラーを手に入れて、診察台に載せるように言うんだ。それから万力型のはさみ具（vise grip）を持つように言う。そしてそれを犬の睾丸にあてて、それをねじるように言う」彼はこう結んだ。「犬は、それは痛いということを君にとてもはっきり伝えてくれる。君の顔を引っかいてね！」

　偉大なカナダの心理学者デイヴィッド・ヘブは古典的な実験において、動物園の飼育員たちは、動物について心理的な話し方を禁じられると仕事にならないということを示した（Hebb, 1949）。私たちが権威に訴えるなら、ダーウィン自身が疑いもなく動物における思考と感情の存在を疑わなかったことを忘れることはできない。

　ダーウィンにとっては、心理学における主要な前提は連続性なので、したがって心の研究は比較論的になるが、このことはダーウィンの驚くほどそっけない、1872年の著作の『人と動物における感情の表現』と

いうタイトルに要約されている。ダーウィンは、感情は、個体の感じ方と解きがたく結びついていると考えるので、このタイトルはデカルト主義的な伝統に平然と異を唱えてしまう。さらに前年の『人間の由来』において、ダーウィンはとくに「人と高級な哺乳類の間には、その精神的能力において、なんら根本的な相違はない」（Darwin, 1890, 66）、そして「低級な動物は、人のように、明らかに喜びや痛み、幸せや惨めさを感じる」（Darwin, 1890, 69）と主張している。同じ著作の中でダーウィンは、人がこのような経験の知識にふさわしいデータを集めることができることを当然視しつつ、動物の主観的経験の全範囲をそのように帰属させる。進化論は解剖学のように心理学が比較論的であることを要求する。というのも生は漸進的なもので、ゼウスの頭からアテナが生じたように、人における精神は「無から生じる」（*ex nihilo*）わけではないからだ。

　ダーウィンはもちろん動物の意識を推測するだけで満足したわけではない。彼は明示的に、動物の精神についての多くの資料を、信頼できるスポークスマンで『動物の知性』（1882）と『動物における精神の進化』（1883）という2冊の大きな本を出版したジョージ・ロマネスに手渡した。両方とも精神の生理学的連続性を豊かに証拠立てている。彼の『動物の知性』の前書きにおいて、ロマネスは、自分がダーウィンに負っていることを認めている。ダーウィンは、ロマネスの言葉によると、

　　雑多な困難についての彼の価値判断と同様、彼の膨大な情報とともに、最も寛大なやり方で、私を支えてくれただけでなく、彼が過去40年以上収集した動物の知性についてのすべてのノート類を私が「本能」についてのすばらしい章の元原稿とともに整理し位置づけることについても、充分親切だった。この章は『種の起源』のために書き直され、元原稿は豊かな未出版の素材の塊だったのに、無慈悲にも圧縮されたのだ。（xi）

ロマネスは主として生理学的基準による認知能力に焦点を当てなが
ら、感情や他の精神生活の側面にも取り組んだ。というのもダーウィン
主義者にとっては、すべての動物種を通じて連続性があることを証拠立
てるべきだったからだ。

　彼が行った注意深い観察に加えて、ダーウィンはまた、動物の精神に
ついての多様な実験も行った。彼は、少しでも疑問のあるデータを証拠
立てることに、大きな重点を置いている。この目的のために彼は、たと
えば地中の虫の知性をテストする巧妙な実験を考案したが、彼が明らか
だと感じた概念は、逸話的情報には程遠く、コントロールされた実験を
要求するには充分怪しげだった。これらの実験は、今日事実上忘れ去ら
れており、1881年に出版されたダーウィンの『虫の活動をとおした植
物のカビの態様：習性の観察』の35頁ほどをしめているだけだ。ダー
ウィンが問うた問いは、隠れ家を埋める虫の振る舞いは、本能だけで説
明できるかどうか、だった。「受け継いだ衝動」（Darwin, 1882, 67）に
よってか、あるいはもしかすると、何らかの知性が必要とされるのか、
だった。この一連のテストにおいて、ダーウィンは彼の虫に様々な葉を
提供した。その虫が生息する国に固有な葉、そして別の1000マイルも
離れたところで育つ植物の葉の一部と紙のトライアングルを提供し、彼
らがどのように隠れ家をふさぐのか、狭い出口あるいは広い出口のどち
らを最初に使うのかを観察した。これらのテストの量的評価の後、虫は
振る舞いにおいて可塑性を示す、未発達な知性を持っているとダーウィ
ンは結論づけた。何か未発達な「形態の……概念」において、そして経
験から学ぶ能力において（Darwin, 1882, 78, 9）。ダーウィンはロマンテ
ィックな擬人化をする人ではなかった。彼は虫の知性と高等生物でさえ
しばしば行う「意味のない、目的のない」やり方（Darwin, 1882, 97）
つまりビーバーが、ダムに水がないのに丸太を切って引きずったり、リ
スがまるで地面にそれを埋めるかのように木の床にそれを置いたりする
ことを、明確に区別した。

　20世紀の生物学と心理学が（動物の思考と感情を）拒絶したにもか

かわらず、私たちはもうすぐ動物が思考と感情を持っているという信念が、常識とダーウィン主義的科学によってどのように聖化されているかを論じるだろう。人々が、犬が尻尾を振るのは心がフレンドリーになっていると推測するときのように、私たちはもちろん動物の精神活動の個々のケースについて間違いを犯しうるのだが、ここでは普通の常識は動物に本質的に疑いえないものとして意識を認めることを指摘すれば充分だ。

　手始めに、科学的イデオロギーによって動物における意識や精神を否定するという大きなシステムには亀裂があるということ、あるいは科学者の間に偏在するドグマには亀裂があるということを強調することには価値がある（6章で詳述）。

　私が多くの機会に言及してきたように、一般の人たちは、動物に思考・感覚・感情そしてすべての精神的要素を帰属させることに問題を感じない。実際、歴史的にこのような動物への帰属に、何らかの過剰な熱意が見られる場合、それは普通の人々の考え方の中に顕著だった。おそらく20世紀半ばが、実証主義的科学的イデオロギーが科学を束縛して、動物が精神を持っていることを否定した時代を代表している。しかしながら多数の要因が、ポピュラーカルチャーにおける影響と同様、科学におけるこの理念の保持をさらに弱めてきた。

　おそらく最も文化的に重要なのは、動物の扱いと、そのような扱いを判断する倫理に関する配慮についての社会的関心が徐々に成長してきたという事実だ。これは確かに、コンパニオン・アニマルのケースに当てはまるし、実験動物の痛みのコントロールのための法的命令においても大きな分岐点を迎えたし、動物腫瘍学から動物精神科学までの高額な獣医療の専門科が増加したし、また80〜100％のペットの飼い主が、自分の動物をそのように見ているという調査が示しているとおり、普通の人々がコンパニオン・アニマルを「家族の一員」と同定したがるようになったのだ。

　インターネット、とくにYouTubeの発達も同じくらい重要だ。それ

らは際限なく動物の感情や精神を証拠立てるビデオや物語を提供するからだ。典型的な例は、ふたりのイギリス人男性に育てられ、ついには野生の故郷に戻ったライオンのクリスチャンの物語だ。何年も経ってから、元飼い主たちがそのライオンの故郷を訪ね、再会したライオンのほとばしり出るような反応をフィルムに記録したのだった。一匹の犬が明らかに赤ん坊に這うことを教えているものから、オスゴリラが動物の囲いに落ちてしまった人の子供を守ろうとしている場面まで、私はこのようなビデオを無数に引用できる。主要なメディアは、すぐにこのトレンドを取り上げ、動物の振る舞い、動物の友情、動物の思考などについての無数のドキュメンタリー番組を提供している。

　主要な科学者の中には力強い少数派もいて、彼らは明示的かつ暗示的に動物の精神を否定する科学的理念を拒絶している。これらの人々は、1976 年に動物の意識についての行動科学的な不可知論や無神論を公然と拒んだ先駆者で『動物の意識についての問い』を書いたドナルド・グリフィンにはじまる。他の先駆的人物には、チンパンジーについて書いたジェーン・グドールや、革命的な 1980 年の作品『動物の苦しみ：動物の意識の科学』を書いたマリアン・スタップ・ドーキンスが含まれる。そしてもちろん R. A. ガードナーと B. T. ガードナーや、ドウェイン・ランバーとスー・ランバーや、ロジャー・フォート、デイヴィッド・プレマック、それにペニー・パターソンを含む多様な科学者による、サルに手話を教えたことについての著作が、挙げられるべきだろう。この流れにおける他の科学的著作は、ラットにおける共感までをカバーしている。たとえば、ワイヤーを曲げてフックを作り、食べ物を引き寄せるためにそれをパイプに挿入することができるカラスの推論と道具作りが、オックスフォード大学におけるアレックス・カセクニクと同僚たちの研究に記録されている。そして、多様な動物についての膨大な諸概念がある。私たちはまた、1000 語以上の単語とそれが指し示す対象を、飼い主の研究者ジョン・W・ピリーから学習したボーダー・コリー、チェイサーの例を引くべきだろう。

動物の精神の否定

　このような研究は、非常に重要なのだが、法則的というよりは例外的なもので、ランダムに科学的著述の中に散らばっている（マーク・ベコフの動物の精神についての多くの作品は、そういった文学への一貫した貢献において際立っている）。カール・サフィナの2015年の著作『言葉を超えて：動物が考え感じていること』（「彼らの精神を読む」2015）についての匿名の書評において、『エコノミスト』誌の記者はこの著者は「科学を大衆化しており」、それは「科学と物語の間のバランスにある」が、著者自身は「物語を好んでいる」と評している。別の言葉で言えば、この本は一般の人々に向けて書かれており、サフィナの仲間たちに向けられてはいない、ということだ。確かに動物の精神について語る人々の科学的信頼性を否定する科学的イデオロギーを掘り崩すのを助けている一方で、このような語りは依然として「本当の科学」とはみなされていない。

　私たちの議論にとってさらに重要なのは、科学者が動物の精神について主張するとき、彼らはほとんどそれを動物の道徳的地位についての諸問題につなげることをしないということだ。したがって、少なくとも科学的イデオロギーの最も残念な側面は——すなわち科学が「倫理から自由」だという概念だが——保存されているのだ。加えて、動物の精神や動物の道徳的地位に焦点を当てた、大学の科学のコースはほとんどない。したがって、動物の精神を否定する科学的イデオロギーはいくらか弱まったとはいえ存続しており、現在も存在しているということを私は指摘しておく。

重要なこととテロス

　多くのことが動物には重要だという事実は、常識にとっては完全に明白だということを私は論じよう。ベンサムやシンガーのような功利主義者が、喜びや痛みを経験する能力を道徳的領域においても不可欠とするのは部分的には正しい。確かに喜びや痛みを経験する能力は、道徳的地位のための「十分条件」だ。すなわち、喜びや痛みを経験する能力を持つものはすべて、道徳的配慮を要する候補者なのだ。しかし、喜びや痛みを感じることができるということは、喜びや痛みという概念を、すべての存在が経験する能力をもつすべての可能な肯定的否定的な精神状態を含む、というほど広く拡大しない限り、道徳的地位のための「必要条件」ではない。つまり、これらの概念は本質的に実質のないもので、より適切な概念が必要とされるのだ。たとえば、もし人か動物が何か危険かもしれない新しい状況に直面したなら、「怖い」のが自然だ。同様に、人か動物が貧しい環境に置かれたなら、彼または彼女は「退屈」なのが自然だ。このどちらの場合においても、人や動物が痛みを持つ、精神的痛みさえ持つ、と言うのは不自然だ。この理由で、私は動物にとって「重要なこと」と言うのが好きだ。「重要なこと」と言う言葉によって道徳的意味をもつ肯定的否定的経験の全範囲をもっとずっとよく捉えられるようになるからだ。

　少し考えれば、この種のことは無限に多様だということが明らかになる。たとえば私の犬は、私が靴をはくのを見るととても興奮する。私が

55

彼らを住んでいるところの近くにある広い場所へ連れ出すと思うから
だ。もし私がすぐに「裏に行くぞ」と言ったら（たとえばずっと小さな
柵のある裏庭）彼らは多少興奮するだろうが、がっかりして喜びが抑制
されるのだ。もし私が納屋から鞍を持って出てきたら、私の馬の何頭か
は（騎乗されるのが好きな馬は）情熱的に期待するだろうが、騎乗され
るのが好きではない馬たちは逃げようとするだろう。これらの感情は、
種に固有な行動だけでなく、個体差が存在することを明らかにしている。
議会が人でない霊長類のために「彼らの心理学的福祉を高めよ」と命令
するとき、科学者はどこにも特効薬はないということを即座に学ぶ。た
とえばあるサルは、サイモンというゲーム（プレイヤーが同じ順序で色
のついたボタンを押すと光が繰り返し現れる電子ゲーム）にとても熱中
して、他のサルと共有することさえ拒むのだが、別のサルは、それにま
ったく無関心だ。ここでのレッスンは、動物のテロスが何を要求するか
を考えるだけでなく、個体差にも注意せねばならないということだ。

　明らかに、テロスあるいは動物の性質は、喜びや痛みよりずっと豊か
な「重要性」評価のカテゴリーを与えてくれる。簡単に言えば、アリス
トテレスにおける歴史的基礎の立場から、その形而上学的地位、そして
常識へのアクセス可能性を、テロスという概念によって詳細に評価でき
るということだ。しかしまず、ラフなスケッチをさせてほしい。

　アメリカの社会的常識の倫理は、憲法・修正条項・そこから派生した
法律に基礎をおいており、また、社会的革命に伴ってこれらの法律は変
わるのだが、望ましいのはより大きな正義の方向に変化することだと私
は論じてきた。公民権運動の間に導入された変化によって証明されるよ
うに、この倫理は自己修正メカニズムを内蔵している。私たちの社会的
倫理システムは部分的に、最大多数の最大幸福を作り出そうとする功利
主義的アプローチに基づいていると私は説明してきた。しかしながらそ
れは、少数派の権利を多数派が非情にも飲み込んでしまう危険をはらん
でいる。個人を守り個人の利益が多数派によって押しつぶされることか
ら守ることを意味する権利の概念は、多数主義の越権から守られるべく

法典化されている。権利の章典に列挙されているように、守られるべき利益は、人間の基本的な利益を代表している。それには信教の自由、言論の自由、恣意的な捜査や逮捕からの保護、市民の陪審に委ねられる適正手続きと公正、報道の自由、残虐で異常な刑罰からの保護が含まれ、基本的に人の生あるいは本質あるいはテロスを構成するほとんどの基本的利益を代表する権利の章典に具現化されている。もし私たちが動物の倫理を私たちの社会的常識の倫理の上に基礎づけようとするなら、それは、「彼らの本質あるいはテロイが命じる動物の基本的利益」を守る法的保護において具現化する、という理由によるのだ。

　1980年に私は丸1日のセミナーを行った。カナダの省庁で動物利用・農業・野生動物・漁業と海洋等の政策立案を担う人々が対象だった。セミナーの最後に生物学や心理学的性質に言及することによって政策を決定するために、動物にも権利の章典が必要ではないかという匿名の提案があった。その年のうちに、私は漁業および海洋省の匿名の人から、大臣からの返事のコピーを受け取った。その返事は、カナダの海域からシャチをバンクーバーの水族館へ移すという要請に対するものだった。大臣は、「テロスに従った必要性」を充たす施設が整っていることを当該水族館が証明するまで、要請を拒絶すると書いていた（2015年にカリフォルニア州の法律は水族館によるシャチの捕獲繁殖を禁止した）。この件は、テロスという概念が思考のプロセス（あるいは想起）に訴えかけ、普通は空想的な飛躍などでは知られていないはずの政府当局者にさえ影響を与えうるということを力強く証明している。

　後者の点を言い直せば、テロスが「普通の人々の常識の形而上学」とよく合致するということだ。この点の明示は先行する哲学的概念の説明を必要とする。形而上学は単に、それによって人が世界を秩序づけ分類するための概念の集まりだ。デカルト、ガリレオ、ニュートンなどによる科学革命の基礎には、現実について語るために必要な基本的概念として受け入れられるものについての大きな変化があった。科学革命以前の現実に対する基礎的形而上学的アプローチは、高度に常識的で普通の言

語で記述されていた。当時生きていた人々にとって、世界は常識と普通の経験によって構成されていた——花は美しく良い香りがする。魚は生きているが岩はそうではない。熱いものと冷たいものがある。要するに世界は、完全に常識が同定する現実の中にある質的相違の世界だ——美しいものか醜いものか。生きているものかそうでないものか。熱いものか冷たいものか。良いものか悪いものか。科学革命を起こした科学者は、宇宙を非常に異なる仕方で見た。彼らにとって、色・匂い・味・生死の区別などは完全な幻だった。それこそがデカルトの『省察』の言っていることだった。つまり、私たちが感覚によってアクセスする世界は幻だ——現実的なものは数学的方程式で記述される。これが、デカルトが苦労して、私たちが感覚によって知っているものを貶めた理由だ。もし私たちが世界を神が見るように見られるなら、私たちは幾何物理学によって記述可能な方法でできている質的に均一な物体にすぎず、したがって本当の知識は感覚から来るのではなく理性から来るのだと、デカルトは言うだろう。

　近代科学がもたらした科学革命は当時「価値」における革命的変化に根ざしていた。デカルト、ガリレオ、ニュートンの手で近代物理学が発展したことを考えてみればよい。これらの思想家たちは実際、私たちの世界への経験的アプローチの中に、先例のない変化の基礎を置いたのだが、彼らの貢献の主要な部分には、新しい現実の見方、宇宙にあるものの新しい概念地図、すなわち正しくも新形而上学と呼ばれるものを推し進めたことが含まれる。アリストテレス主義的物理学とそれに伴う世界観は、多様性と、経験において見出される還元不能な質的差異を——美しいものと醜いもの、生きているものとそうでないもの、熱いものと冷たいものを——説明する必要性を強調していたが、これは普通の常識の中に依然として響き渡っている見方だ。新しい物理学は、それだけが正確な学問の対象である、根本的に均質で数学的に記述可能な物質における変化の副産物として、これらの質的差異を切り捨てた。近代の物理学はこれに伴って、プラトンのように測定可能なものを現実的なるものと

同一視し、感覚的なるもの、主観的なるもの、そして質的なるものを「軽視した」。したがってアリストテレスが、生物学が主要な科学であって物理学は元来生きていないものの生物学だと見たのに対し、デカルトは生物学を物理学の一部と見たため、彼の考えは、今日の還元主義的分子生物学の先駆なのだ。そしてもちろん経験的に集められたデータは、デカルトの定式を誤りと証明するものではなかった。というのは、データとして認識されるものは、常識的世界観をとるか近代科学の還元主義的な世界観をとるかによって決定されるからだ。だから近代科学は、常識的世界観を「軽視した」ほどには、それが「誤っていることを証明する」ことがなかったのだ。

　近代科学の形而上学はたかだか400年くらいしか続いていない。他方アリストテレスの形而上学は、ほとんど2000年続いている。それがこれほど長く命脈を保っているひとつの理由は、普通の常識と一致するからだと推測することができる。しかし常識の形而上学と数学に基づく還元主義的形而上学の論争の起源は、アリストテレスよりもっと古く、ソクラテス以前の哲学者にまで遡る。ソクラテス以前のフィジコイすなわちアリストテレスが物理学者と呼んだ、ひとつの影響力あるグループは、現実と変化を説明しようと試みた思想家で、古代の原子論者であったが、その中には独創的な思想家デモクリトスがいた。原子論者は、現実のすべてが質的に均一で虚空を動いている原子間の機械的交渉によって説明可能だと主張することによって、近代科学を予兆していた。デモクリトスは、とても暗示的に機械的唯物論の綱領を宣言した。「甘い、すっぱい、熱い、冷たい……といった会話がなされるが……実際には原子と虚空があるだけだ」（Kirk and Rauen, 1957）。言い換えれば、現実とは空っぽの空間で影響を与え合う原子のみによって成り立っているのだ。レモンを構成する原子が、舌や脳を構成する原子と影響し合って、すっぱさの経験が生じる。ジョン・ロックが後に定式化したように、すっぱさ・あたたかさ・色は「一次的質」ではなく、現実世界の客観的特徴でもない。それらは「二次的質」で、対象物を構成する原子と感覚器や脳を構成す

る原子が影響しあうことによって生じる主観的な質なのだ。

アリストテレスはこのような還元論的アプローチには我慢ならなかった。彼にとって現実は私たちが認識しているものだった——「あなたが見るものをあなたは得る」のだ。プラトンの弟子だったにもかかわらず、彼はプラトンの、理性によって捉えられ理解される抽象的な存在イデアが究極的現実を構成するという概念にはまったく共感しなかった。アリストテレスにとって現実的なるものとは、*tode ti* すなわち、人が「これはここに存在する」と指摘できるものだった。他方プラトンにとって数学は、人間の知識の最高形態を代表しており——永遠の真理は変化しないが——変化し、成り、過ぎ去っていくことができる宇宙の根本的な事実なのだった。アリストテレスの思考において数学的真理はとるに足らないことだった。それは、すべてに適用可能なほど抽象的に真理を代表するのだ。

プラトンにとっては、デカルトにとってと同様、宇宙の法則にしたがっている数学的物理学は、すべてを説明するために利用でき、また利用すべきものだった。物理学が科学の主で、生物学は単に応用物理学だった。アリストテレスにとっては、生物学が科学の主で、物理学は単に死んだものの生物学だった。アリストテレスは自然界に生きているものを記述し分類する実践的生物学者だった。彼は、彼が四つの原因と呼んでいるものすなわち説明原理を認識した。それは現実について問われうる四つの疑問に答えるものだった。それは何でできているか（[質料因]）？何がそれを作ったのか（[形相因]）？　その機能や目的は何か（すなわちテロス [目的因]）？　その性質は何か（[作用因]）？

機械的数学的思想家は主要な強調点を、物質的因果関係と対の動因的因果関係に置く。ビリヤードのボールを考えてみよ、と。彼らにとってはすべてについてのひとつの科学が存在するのだ。アリストテレスにとっては、普通の常識のように異なる種類のものを理解する異なる方法があるのだ——鳥の行動は、魚や雪、雪崩、滝、ライフル、植物の振る舞いとは異なる法則に支配されている。すべてについてのひとつだけの科

学は存在しない。すべてのものは、機能と目的という観点から、最もよく説明される。ナイフのような人工物はその機能から最もよく説明される——切ること、それがナイフの目的なのだ。生き物は、つまり哺乳類、鳥類、植物、昆虫は、ユニークな一連の機能を持っていて、それがテロスあるいはユニークな性質を作っている。私たちが言ってきたように、生き物は機能的説明のためのパラダイム（枠組み）だ。すべての生き物は、一連の機能から成っており、ユニークな生き物なのだ。すべての生き物は栄養を摂り、運動し、感覚し、認知し、排出し、そして繁殖する。どのようにそれぞれの生き物がこれらの機能を有効化するのかが、そのテロスを決定する。生物学という科学はしたがって、どのようにそれぞれの生き物がその「生」すなわち生のあり方あるいはテロスを充足するのかを研究するものだ。

　生とは、喜びと痛みよりもっとずっと豊かなものだ。すべての形態の動物にとって「重要性」はそのテロスによって決定される。テロスの何らかの蹂躙は意識の重要性において複雑化する。他方、ある生き物は意識の蹂躙という言い方を必要としない。植物はテロイを有効化するために水と日光を要求する。しかし彼らがこういった重要性に気づいているというのはありそうにない。水と日光が植物に与えられなければ、意識的に気づくことなく、しなびて死んでしまいかねないために、彼らにとって重要だ。動物が水を与えられないときも、やはり動物はしなびて死んでしまうが、気づきと意識のある動物においては、否定的感情が伴う。

　コヨーテやアライグマのような動物は、罠にかかったとき、逃げるために自分の足を食いちぎる。明らかにこれは、罠にかかるよりも痛いことだ。しかし逃げる能力、自由になる能力は、おそらく彼らは捕食者でも被食者でもあるゆえに彼らのテロスにとって痛みよりも重要なのだ。これは、痛みを引き起こすことが動物に対して行うことのできる最悪の行為ではないということを明白に示している（大きな岩と岸壁の間で動けなくなり、逃げられなくなって、ポケットナイフで自分の腕を切り落とすハイカーと比較せよ）。これらの例は、テロスの決定と基礎づけが

61

非常に経験的な問いだということを示している。

　ここで私たちは、普通の常識とともに、すべての生き物が意識を持っているわけではないことを前提している。ある動物には明らかに意識がある。植物はおそらく意識を持っていない。植物はひとつの穴に根づいているので、意識があると植物にとって良くないだろう。意識がどこから始まりどこで終わるのかが不明確だという生理学的尺度に伴う諸問題は、確実性がないとはいえ経験的科学によって最もよく決定されうる。他方、私たちが見てきたように、愚か者かイデオロギー的に凝り固まっている科学者だけが、高等動物が一定程度の意識を持っていることを疑うことができる。普通の常識を持つ普通の人々は、他の人が意識を持っていることを否定できないのと同様、犬や虎や鷹が意識を持っていることを否定できない。したがって多くの動物が意識を持つという信念は「普通の常識の形而上学」の中に定着しており、上述したように、動物の経験と関わる私たちの普通の生において、それは不可欠なのだ。

　もし私たちが、動物への倫理的義務の基礎としてテロスを受容しようとするなら、私たちの倫理が人々に対してそうするように、道徳的領域あるいは道徳的配慮の射程に含まれるものをかなり広げることができる。というのは、伝統的なアリストテレス主義的見方からいえば、すべての自然物はテロイを持ち、人によって作られたすべての人工物も同様なので、私たちはこれらのテロイを道徳的主体からの道徳的配慮要求と道徳的主体ではないものからの道徳的配慮要求とに差異化しなければならないのだ。要するに、目的論的宇宙においては岩さえもテロイを持つが、岩の道徳的地位を認める基盤としては控えめに言っても足りないのだ。この難問に答えるために、私たちは「重要事」（mattering）という概念を精緻化しなくてはならない。それはこういうケースだ。石油なしで車は走らないので、とても限定された意味で、石油をもつことは車にとって重要（matter）だ。しかしその車にとって、走れようが走れなかろうが知ったことではないし気にすることもないからこれは道徳的に適切な意味での重要事（mattering）ではない。「道徳的に適切な種類の重

要事（mattering）は、問題の存在における意識か配慮を要求する」。この理由から、道徳的地位を享受するためには、その存在（たとえば動物）が、ある種のテロスを、「その蹂躙が問題となっている動物において何らかの否定的な意識状態を作り出すようなテロスをもっていなければならないのだ」。私たちが少し前に論じたように、普通の人々は、たくさんの動物が必要な種類の意識を持っていることをたやすく理解する。しかし科学的コミュニティのメンバーは、科学者の立場において、動物に意識の存在を認めることが簡単にはできない。なぜそうなのかについては後に論じる。しかし、いずれにせよ、動物の精神についてのこのような懐疑主義は動物の経験についての配慮を、したがって動物の道徳的地位を破棄してしまう。

　ゆえに、私たちは科学的世界観と常識的世界観の間にある興味深い緊張とともに残される。機械論的な因果関係に基礎を置く、意識のための場所を持たない前者——デカルトには心身問題が起きたのだ。後者は目的論的で、機能と価値、思考と感情を包含している。したがってもし人が科学者なら、その人は容赦なく主観、倫理、テロスを置き去りにする。動物倫理にとって幸運なことに、普通の人々の大多数は科学者ではなく、したがって動物倫理と動物の意識は現実の捉え方あるいは形而上学においてよく一致するのだ。だから、私たちの倫理は、動物のテロスという概念と融合し、道徳的領域の内容を拡張するための方法を私たちに与える。いくらかの苦さとともに思い出してみよう、上述したように、2012年にやっと、科学的コミュニティが、動物は思考や感情を持っているらしいと同意した学会がケンブリッジ大学で開かれたのだった。

　とくに、社会が現在使用可能な動物倫理の尺度で対応できないような動物の問題に直面しているときには、たとえば妊娠している雌豚が常に小さな檻に閉じ込められていて、向きを変えることも、多くの場合には充分体を伸ばすことさえもできないというような場合、私たちが本質において雌豚のテロスとして知っていることと、このような居住環境はまったく不適合だということがすぐに明らかになる。そこでこのような居

住環境を想定している生産者（たとえば生活のために食糧となる動物を育てている人々）に社会的に「想起させる」ことが必要になる。生産者が自分から考えを変えてくれるならさらに良い。しかしもし彼らがそれをやりそこなったとしたら、雌豚のテロスから生じる必要に応じた適切な居住環境を、社会が命じることができる。概念的な方法において雌豚は、その生物学的心理学的質に適した居住環境を与えられる「権利」を持っている。動物は、法的に見れば人間の財産で、法的に言うならば財産は権利を持たないから、適切な居住環境の権利は、人が「雌豚という財産」をどのように住まわせなければならないかという形をとったものなのだ。命令を結果するような法的権利は、財産の問題を回避しながら確立されてきた。つまり私たちは、財産の利用を一様に制限する。たとえば私がただバイクを持っているからといって、時速100マイルで歩道を走ってよいことにはならない。動物のケースでは、私たちは道徳的な理由で、とくに動物倫理を考えることによって、財産利用を制限するのだ。

　アメリカの法律学者は、どのようにして権利が直接動物に与えられるのかという問題で悩んでいる。それにもかかわらず、人のための社会的倫理がどのようにして、必要な変更を加えて動物利用の功利主義的過剰に対抗する有意義なチェックとして機能するのかを私たちは現在見ることができる。現代社会にとってこれがとても重要だという事実は、2004年に「2100件もの動物福祉立法がアメリカ中で行われたということによって」ありありと証明されている。

　私たちの議論は、アウトラインを描き出して、少し立ち止まるところに到達した。私たちが何をしようとしているのかというと、普通の人々から、彼らの信じていることと、それにアピールすること（想起させること）によって暗黙の了解を得ているやり方で、道徳的領域に動物を含め、私たちの動物の扱い方についての理論的構造を提供することだ。

　要約すると、社会的倫理は人間性の本質あるいはテロスの保護とともに憲法に表現されているように、功利主義的考慮とバランスをとる方法

を提供する私たちの社会的常識の倫理において具現化した。個人を守る
ために個人の周りにめぐらされているフェンス、つまり一般的な善のた
めに多数派によって抑圧されることから個人を守るための保護は権利と
呼ばれ、私たちの法律の歴史が示しているように、さらなる権利がそこ
から演繹される。動物はまた、彼らの性質あるいはテロスによって構成
される基本的必要と利益をもっており、それは人の利益のために踏みに
じられてはならないと、私たちは社会として信じているのだ。アリスト
テレスが指摘したように、生きるものには生きること——感覚、運動、
繁殖、栄養摂取——に本来伴う、それを妨げる重要な問題を解決する独
自の戦略がある。このような結論を回避する唯一の道は、ある事柄が動
物にとって「重要」（matter）だということを否定し、彼らは意識のな
い機械だという、普通の人々と常識に激しく抵抗するような主張をする
ことだ。したがってアリストテレス主義的なテロスの概念は、動物倫理
の中心となる。

　すでに見たように、喜びと痛みという狭い制限を超えて、テロスは私
たちが動物の利益を語ることを許す。加えてそれは、とくに監禁的農業
主義者が高度に制限された貧しい環境に動物をとどめておこうとしてす
る防御のための合理化に対して優れた盾を提供する。彼らは、監禁シス
テムにおいて、動物は食べ物の心配がなく、気候の極端な変化や捕食者
から守られている——このシステムによってすべての必要が供給されて
いると議論する傾向がある。確かにこの議論にはある真実が含まれてい
るが、たとえば動物はある方法で食べ物を得るように作られているとい
う事実を無視している。行動学者は、鶏のように飼われている鳥でさえ、
もし食料調達を自由に（*ad libitum*）選ぶことができれば、食料を提供
してもらうよりむしろ、働くことを選ぶということを示している。

　動物の性質を蹂躙する一見明白でない例は、捕獲された動物のために
行動学的な環境エンリッチメントをする専門家ハル・マーコヴィッツに
よって語られた話の中にある（Markowitz and Line, 1990）。オレゴン州
ポートランドで、動物園が砂や植物までカラハリ砂漠から持ってきてサ

ーバル（南アフリカのボブキャット）の展示を行った。それは失敗だった——サーバルは明らかに落ち込んで横たわっており、食べることさえ拒絶したのだった。マーコヴィッツが元来の生息地を訪れたとき、これらの動物の時間の大部分が、彼らの主たる食料たる低空飛行する鳥の捕食に費やされるのを彼は発見した。サーバルに馬肉の塊を与える代わりに、一日分を挽いてミートボールにし、圧縮空気銃で適当にサーバルの居住区域に撃つようにと、彼は動物園に言った。動物の行動は一夜にして変わった——彼らは興奮し行動的になり、彼らのテロスの捕食の部分を明らかに行使したのだった。食料の基本的魅力にもかかわらず、サーバルがどのように食べるよう進化したかについての配慮に失敗することによって、それが明らかにされたのだ。

第 2 部

イデオロギーと常識

イデオロギー

　動物倫理の議論を前進させるためのテロスという概念の価値を示す前に、さらに議論を益すると思われる、この概念をとりまく諸点に触れなければならない。とくに私はこの本を常識に基礎づけるものとして描いてきた。しかし、経験的に決定されえないが、しっかりした基盤を持つように見える異なる不適切な形而上学的世界観についての私たちの議論は、実際常識から遠く離れている。つまり、高度に信頼できる常識の問いというものがある。世界は普通の経験が私たちに告げるようなものなのか、それとも科学が私たちに告げるようなものなのか？　そして常識の線から少し離れて、私たちはこう問うかもしれない。アリストテレスが主張しデカルトが否定した方法のように、様々な「自然の種」は互いに単純化できないやり方で質的に異なっているのか、あるいは私たちが神のような正確さで見ることができたなら、質的相違の幻を形成する量的特徴において異なる均一な現実を見るだろうということが真実なのだろうか？　家庭的なたとえを使うなら、パンケーキとコーヒーケーキは、同じ材料〔小麦粉ミックス、卵、水〕でできているから同じものなのか、それとも私たちの味覚の経験が伝えるように異なるものなのか？

　私の傾向は、この問いに対してプラグマティスティックな立場をとる。たとえ普通の生活において、この問いにとても異なった答えがあるとしても、それは問われる問い自体に依存しており、すべての答えがおそらくは正しいのだが、いくつかは完全に、問いの文脈において不適切なの

69

だ。たとえば私が、仕事に応募してきた私の以前の学生Xさんによって私の名前を知った、ある大企業の人事課の人から電話を受けたとする。その会社の代表は、Xさんについて私が何を知っているか聞くことから会話を始める。私が情熱的に「彼女は私が今まで見た学生の中で一番フォアハンド・スマッシュがうまいよ」と返事をしたとする。この言葉は完全に真実なのだが、完全に――笑えるくらい――私たちの議論の文脈には不適切なのだ。

　この質問者は、彼女のテニスの腕前には何の興味もなく、むしろクライアントとのコミュニケーション能力を知りたいのだと言うだろう。そこで私が「相手の人が、彼女がいつもつけている強い香りの香水のアレルギーでさえなければ、彼女はそういうコミュニケーションが得意ですよ」と言う。私が言ったことが真実だったとしても、質問者が即座に、私に時間をとってくれた礼を言って話しを打ち切るだろうことは疑いえない。問題は、私の主張が正しいか誤っているかではない――それはむしろ、現在の文脈に適しているかどうかなのだ。

　同様に、日々の経験において私たちは、数学的物理学からの答えが唯一の適切な反応だということをほとんど問わない。もしあなたと私が、あなたの素敵な花園について話していて、私があなたに、こんな素敵な色のバランスをどうやって作ることができたのかと聞いたとき、あなたが色覚について物理学の立場から答えたとしたら、あなたは異常に見えるだろう。このような現実についての見かたは普通の言説にとって適切なことがほとんどない世界は「本当に」均一な原子が虚空の中ででたらめに衝突しているだけのものなのだろうか。私たちが現実としてしか扱えない普通の経験は、熱いものと冷たいもの、醜いものと美しいもの、善いものと悪いものの間で明らかに異なっている。物理学的言語は、普通の会話には不適切だ。

　それにもかかわらず、先述の論点は、私たちが人間として生活の中で扱わねばならないことの多くは、彼らの現実から締め出す傾向にあるデモクリトスからデカルトまでの還元論的科学者によって、情熱的に無視

されてきた。それはまさしく、科学者たちが発展させてきた、私が科学的イデオロギーあるいは科学の常識と呼ぶ論点を念頭においているのだが、それは科学にとっての、日常のための普通の常識なのだ。

イデオロギーとは何か？　簡単な言葉ではイデオロギーとは、そのような信念を受け入れると、世界を見る方法が決まり、世界を理解する方法が決まり、世界において他者に対する振る舞いをどうするかが決まる一連の根本的信念、傾倒、価値判断、原理だ。

私たちが一連の概念にイデオロギーとして言及するとき、特定の人やグループがそういう信念を、変更するに足る理由など何もないと考えつつ、受け入れていることはいつも前提されており、そのことと関連して、それらの信念に疑問を提起することは、その信念体系を持つ人々によって、教理的に排除される（20世紀の政治哲学者デイヴィッド・ブレイブルックが述べているように「イデオロギーは、それへの賛同と同程度に、それへの疑問を拒絶することによって歪められる」（Braybrooke, 1996, 126））。

このターム［「イデオロギー」］はおそらく、資本主義者のイデオロギーあるいは自由市場のイデオロギーを描いたカール・マルクスの名と結びついて最も有名だ。すなわち自由競争市場の法則は自然で普遍的で没個性的なものだとか、生産手段の所有という私的財産は自然で永遠で必要だとか、労働者は、すべて彼らが支払われ得るだけ収入を得るとか、余剰価値は生産手段を所有する者たちに集中すべきだとかいうことだ。

最も有名なのは、マルクス主義者の資本主義批判との関連だとしても、私たちは皆、普通にイデオロギーに出会う。おそらく最も一般的なのは、聖書にあるのは文字どおり神の言葉だと信じると公言する聖書的原理主義者のような宗教的イデオロギーを吹き込まれた人々に出会うことだ。私はしばしばこういう人々に、確かに神は古代において英語は話さなかったのだから、聖書をヘブライ語やギリシア語で読んでいるのかどうか問うことによって対抗する。さらに私は、彼らが原語で読んでいないとしたら、すべての翻訳は解釈で、もしかすると間違っているかもしれな

いので、彼らは文字どおりの意味よりむしろ解釈に依存していると指摘する。この点を描くために、私は彼らに十戒のいくつかを言わせてみる。彼らは必ず「殺してはならない」と言う。それから私は、実際には、ヘブライ語は「殺してはならない」と言っているのではなく、「故意に人を殺してはならない」と言っていることを指摘する。これは、彼らが実際には聖書を文字どおりに信じてはいないのだと確信させるのに充分なはずだ。彼らはそれを文字どおりに読むことができないのだから。しかし本当にそうだろうか？　もちろんそうではない。彼らは、それを文字どおりに信じることができないことを認めるのを回避するために、たとえば「その翻訳者たちは神の霊感を受けていた」などと言うことによって、終わりのない作戦を弄する。

　私たちは、当然、たとえば「人間の平等性」という問題について、小学校でも高校でも政治的イデオロギーに浸かっている。平均的な大学生に（私は何度もしてみたが）、人々は明らかに脳も才能も運動能力もその他いろいろも平等ではないというのに「平等性を信じる基礎は何？」と聞いてみればよい。平等性を否定する者はほとんどおらず、私たちの信念体系にある「平等性」は、人々を扱うべきだと信じる方法であって、事実の主張ではないとして、ほとんどの者は概念なしの「平等性」を主張しつづける。もし彼らが平等性を「当為」の主張と見ており、実際には彼らが平等ではないのだとしたら、私たちが人々を平等に扱わねばならないと信じている理由を保持することはできない。こういうことがいろいろある。しかし事実上平等という信念を放棄する学生は存在しないのだ。

　イデオロギーは人々にとって魅力的だ。それは難しい問題にぴったりくる答えを与える。染み込んだ反応をするだけというのは、それぞれの新しい状況を考えぬくのに比べて、ずっとやさしい。たとえば戦闘的ムスリム・イデオロギーは、西洋の文化を本質的に悪で、イスラムを堕落させるもので、アメリカは「大悪魔」であり、イスラムの純潔をぶち壊すことを狙っている西洋文化の権化だという。したがってアメリカは、

どんな論争においても自動的に間違っていることになるし、汚染に対抗する究極の戦いという意味において、アメリカに対抗するためのどんな基準でも正当化される。

このイデオロギーの何が悪いかというと、もちろん厳密には、思考を中断させること、単純な答えを提供すること、そしてブレイブルックが先に引用した言葉の中で示唆したように、特定の重要な問いを遮断してしまうことだ。区別するという知的な精密さと理性の力強い道具は、著しく過剰な単純化によって完全に失われる。反証は無視される。倉庫で働く優勢なブルーカラー労働者が、強い人種差別主義的イデオロギー、とくに反黒人のイデオロギーを持っていたことを私は思い出す。黒人は怠け者で知性がなく卑劣で捻じ曲がっていると、普遍的に信じられていた。ある日私はインスピレーションを得た。実はそこには、倉庫で働きよく好かれているひとりのアフリカ系アメリカ人（ジョー）がいた。私は白人労働者の何人かに、この反証を挙げた。「確かに」と私は言った。「このケースは、すべての黒人に対する君たちの主張を論破するものだ」。彼らは言った。「全然そんなことはないよ」「ジョーは特別なんだ——彼は俺たちとうまくやっている！」

しかしイデオロギーは思考を抑制するというだけではない。それはまた、常識や良識を押し切ることによって、普通の人々をモンスターにしてしまう。私たちは、20世紀の歴史を通して明白にこれを見ることができる。最近の東ヨーロッパやアフリカの経験は、イデオロギーに基づく憎しみというものは、炭疽菌の胞子のように、何年もの休眠によって弱められることなく、その起点が曖昧な時間の経過によって、かつてなく有害で致命的なものとして再び現れるということを、明らかにする。

私たちが見てきたように、イデオロギーは多くの異なる領域——宗教的、政治的、社会学的、経済的、民族的領域を操作する。したがって、ルネサンス以来結局西洋社会において、科学を世界を知るための最も優れた方法だとみなすイデオロギーが現れても驚きではないのだ。実際、古代以来世界を知ることは特別な場所を持っていた。ソクラテス以前の

人々、フィジコイ（物理学者たち）の間では、ピタゴラス学派のケースのように、知者たちの結社の戒律に疑問を持たずに従うことが、必要とされることがあった。そしてアリストテレスの『形而上学』の最初の一行は──「形而上学」という言葉によってアリストテレスは「第一の哲学」を意味したのだが──「すべての人はその本質から、知ることを望む」なのだ。したがってこの人間性のテロスこそが、他のすべてのものから人を分離する認知機能を働かせることにおいて、人の「人らしさ」を構成する。アリストテレス、フランシス・ベーコン、アイザック・ニュートン、アルベルト・アインシュタインのような偉大な知者は、正当で経験的な知識をニセモノの知識から区別して言い表すことを必要と感じ、それらを区別する方法論を、ニセモノの知者によって侵害させないように熱心に守ったのだ。

　だから底流にある近代の（中世より後の）科学的イデオロギーは、科学そのものとともに成長し進化したのだ。そしてそのイデオロギーの重要な──「おそらく最も重要な」──構成要素は、経験という法廷は客観的で、世界で何が本当に起こっているのかについての普遍的判断をくだすゆえに、本当の科学は経験に基づかねばならないという信念、つまり強い実証主義的傾向で、それは今日でもまだ残っている。

　研究している科学者に、何が科学を宗教、純理論的形而上学、シャーマニスティックな世界観から隔てるのかと問えば、それは感覚的経験、観察、あるいは実験操作をとおして、すべての主張は証明されるということの強調だと、彼らはためらいなく答えるだろう。科学的イデオロギーのこの構成要素は、直接アイザック・ニュートンにまで遡るが、彼は「仮説で偽らず（*hypotheses non fingo*）」、直接経験から導くと主張した（ニュートンが重力といった観察不能の概念や、あるいはもっと一般的に、遠方での運動という観察不能の概念を使用していたという事実は、そのようなことをすべきでないというイデオロギー的主張を彼にやめさせることはなかった）。王立協会のメンバーたちは、これを明らかに言葉どおりに受け取った。彼らは平凡な本のために集めたデータを弄びながら、

そこから現れる重要な科学的突破を本当に期待していたのだ（この、真理がデータ収集をとおして自己開示するという理念は、ベーコンにおいて顕著だ）。

　科学の礎石としての経験という主張は、ニュートンから20世紀まで続いたが、それは論理的実証主義として知られる還元主義的運動において最も哲学的な言明に至った。その運動は科学では立証できないようなことを、いくつかの形態においては正式に科学を公理化することを、削除するようデザインされていたので、それらが観察から派生したのは明らかだとした。実証主義の次元を掘り崩す目的の古典的で根本的な例は、アインシュタインがこのような事柄は、実験不能な基礎の上にあるとしてニュートンの、絶対的空間と時間という概念を拒絶したことに見出せる。実証主義をターゲットにした他の例としては、アンリ・ベルクソン（と何人かの生物学者たち）の生の飛躍（*élan vital*）説が生きているものを生きていないものから分離しようとしたことや、発生学者ハンス・ドリーシュが、ヒトデの再生を説明するものとしてエンテルケイア（エンテレヒー）を公理化したことが挙げられる。

　すべての意味ある主張は経験的に証明されねばならないという実証主義者の要求は、アインシュタインの時代から現在まで科学的イデオロギーの支柱なのだ。科学者は、自分たちが何をしているのかについて哲学的な言葉で考える限りにおいて、単純なるものを、しかし彼らを満足させるものを、つまり私が描いたような実証主義を受け入れる。それによって良心を持ったまま、人は明白に宗教的主張、形而上学的主張、そして他の純理論的な主張を捨てることができる。それらは、ほとんど誤りというのではなくて、科学的に不適切なだけなのだが。原理において経験的に認められる（あるいは完全に間違いだとされる）原則だけに意味がある。「原理において」とは、「いつか」所与となる技術的進歩のことをさす。したがって、「火星には知的住人がいる」という主張は、1940年代には実際何も証明されなかったし誤りともされなかった。宇宙船を完成させて火星に行くことによって人々はそれがどのようにして証明さ

れるのかを見ることができるので、それはまだ意味を持っていた。このような宣言は「天国には知的生物がいる」という宣言と比べると、鋭い矛盾の上に立っている。どんなに私たちの技術が進んでも、物理的な場所でない天国へは行けないからだ（皮肉にも、経験的証明の強調が、世界は本当に物理学が言うとおりのものだという信念を打ち破るのだ）。

　このすべては倫理にどう影響するだろう？　かなり影響することになる。倫理は科学的宇宙の部分を成していない。あなたは原理的に「殺すことは間違っている」という主張を試験することができない。正しさも誤りも証明できない。だから、経験的かつ科学的に、倫理的判断には意味がないということになる。ここから、すべての判断が事実というより価値に関わるので、倫理は科学の射程外にあると結論される。実際私が1960年代に科学のコースで学んだ概念と、それが現在まで主張していることは、科学が一般的に「価値から自由（value-free）」で、とくに「倫理から自由（ethics-free）」だということなのだ。とくに科学について倫理が適切だということを否定することが、明示的に科学の教科書に述べられていた。

　明示的主張に加えて、科学的イデオロギーのこの構成要素は、無数の方法で暗示的にも教えられる。たとえば、学生が動物を殺すか傷つけるかして道徳的な悔いを持ったとしても、その問題は高校、大学、大学院、専門学校では、法的体系が良心的拒絶を考慮し始めた80年代後期になるまで、決して真面目に取り上げられなかった。50年代後期に大学院生だったひとりの同僚は実験心理学を研究していたが、実験の後でラットを振り回して、首を折るためにベンチの角に頭をぶつけるという「安楽殺」が教えられていたという。彼がこの習慣に反対したとき、「おそらく君は心理学者には向いていないよ」と陰険に告げられた。1980年に私が獣医学部で教え始めたとき、1年生の3週目にある最初の実験で、学生たちは、ネコにクリームを与え、次にケタミン（効果的な内臓の鎮痛剤ではなく動物を動けなくするためのもの）を使って、表向きには初歩的腹部手術を行い、クリームが腸の絨毛を通って運ばれるのを見るこ

イデオロギー

とを要求されるということを知った。私が教員に、この恐ろしい経験の狙い（その動物は叫んでおり、他の痛みの兆候も示していた）を尋ねたとき、彼は「学生に彼らが獣医学部にいて、タフでなければならないことを教え、彼らが『やさしかった』ら『早く地獄に突き落とすため』にデザインされている」と私に言った。

　1980年代半ばまでほとんどの獣医学部と医学部は、学生たちが、犬が出血性ショックで死ぬまで放血することに参加するよう要求していた。コロラド州立大学の獣医学部は1980年代初めに倫理的理由でこのような実験を廃止したのだが、それを廃止した学部長は10年後にこの習慣を擁護し、他の大学に移って行き、もし彼があの実験を廃止しなければ、教員たちが彼を追い出そうとしていたので、そうしたのだと私に説明した。1990年代半ばまで、医学部当局は、私の大学の獣医学部長に、［医学部の］教員たちは「まず1匹の犬を殺さなければ良い内科医にはなれないと強く確信している」と告げていたのだ。ハーバード・メディカル・スクールの昔の学生を扱った『やさしい復讐』という自伝的著書の中で、彼と仲間が犬の実験を経験せねばならない唯一の目的は、医学部入学以前の勉強のせいで生き残っているわずかな憐れみをも学生から取り除くことだったと著者は述べている。

　獣医の手術を教えることは、1980年代まで憐れみと道徳的衝動を抑圧するためにデザインされていた。ほとんどの獣医学部で、動物（しばしば犬）が繰り返し手術されていた。同じ機関において、少なければ2週間以上かけて8回の連続的手術をすることから、20回以上の手術をすることまで行われていた。これは、動物の費用を抑えるために行われていたのだが、この習慣の倫理的諸次元は決して議論されず、学生たちもあえて議論しようとはしなかった。

　ある獣医学部では、上の学年のクラスでそれぞれの学生に1匹ずつ犬を提供し、学生はその動物を学期の間中手術するよう要求された。ある学生はその動物に麻酔をかけて、大きなハンマーで動物を適当に殴りつけて、学期を丸ごと使って傷を治療した。彼はAをもらった。

77

重要なのは、科学的あるいは医学的文脈においては、倫理的疑問を提起してはいけないし、普通の倫理的配慮は横へ置いておかねばならず、無視しなければならないのだと、これらの実験が学生たちに教えるということなのだ。それで科学における倫理の明示的否定は強化され、実践においては暗示的に教えられる。誰かが倫理的問題を提起したら、彼らは脅しか「これは倫理の問題ではなく科学的必要性の問題なのだ」というそっけない反応にあった。これは人についての問題的な研究を議論するときには、繰り返されてきた論点だ。

　1980年代に動物利用についての懸念が最も高まったときでさえ、科学雑誌や学会は、理性的に動物研究によって引き起こされる倫理的問題に関わることをしなかった。社会的懸念は大きかったのだが、その懸念は、真の意味で実際には見えていない科学者には見えなかったのだ。ひとつの印象的な例は、アメリカ国立衛生研究所（NIH）所長ジェイムズ・ワインガーデンが1989年に行った演説だ。NIH所長は間違いなくアメリカ最高の医学者で、確かに研究主流派の象徴だ。ミシガン州立大学の卒業生だったワインガーデンは、母校で学生のグループに話しているとき、遺伝子工学によって引き起こされる倫理的問題について尋ねられた。彼の反応は、私たちが科学的イデオロギーについて議論してきたこと、あるいは科学の常識によれば完全に理解可能だとはいえ、普通の人たちには驚きだった。科学の新しい領域は常に議論を呼ぶものだが、「科学は倫理的考慮によって妨げられるべきではない」と彼は述べた（Michigan State University, 1989）。おそらく他のどんな出来事によっても、これほど明示的に科学における倫理の否定が行われたことはなかった。この言葉の引用を、名前を出さずに学生たちに読んで聞かせ、誰の言葉か推測してみるように言うと、彼らは必ず「アドルフ・ヒトラー」と答える。

　この種の反応は、医学に限られたことではない。数年前PBSが、原子爆弾を開発したマンハッタン計画に集中したドキュメンタリーを放送した。このプロジェクトに関わった科学者たちは、この仕事の倫理的次

イデオロギー

元について聞かれ、倫理は彼らの知ったことではないと答えた。社会が倫理的決定をし、科学者はただ、それらの決定の実施を見据えた技術的な専門知識を提供するだけだ、と。実際、科学における倫理的問題についてリポーターからインタヴューされるたびに、私が科学的イデオロギーの「科学は倫理から自由だ」という構成要素を挙げると、認知上のショックが引き起こされる。「そうですね。科学者は武器の開発のような論争的問題について聞かれると必ずそう言っています」と彼らは言う。

　したがって、科学者が倫理的問題の社会的議論に引きずり出されたとき、彼らの［科学について］正式な教育を受けていない敵対者と同じくらい感情的でも、驚くことはない。彼らのイデオロギーは、これらの問題は感情以外の何ものでもなく、理性的倫理という概念は撞着語法なので、最も感情的な反応をするものが「勝つ」のだと命令するからだ。

　まったくどんなに並外れて科学者が、理性的な倫理的議論において無能かは、私を原点に回帰させる。1982年に、アメリカ実験動物のための科学協会（AAALAS）の全国大会で私が長いセッションを行ったとき、私は実験動物保護の立法化のために注意深く議論した。動物実験獣医師の聴衆は、とくに医学部において研究者が彼らの言うことを聞かないということに大きな不満を示していた。それにもかかわらず、彼らの専門知識が医学部においてよりよい動物の世話やよりよい科学のためになるというのに、彼らは科学に倫理を持ち込むことに反対していたので、一貫して彼ら自身の法的地位の向上の支持を拒否していた。

　私のセッションの後に起こったことと比べると、それはあまりに非合理的だ。AAALASを取材したレポーターたちは、私の動物保護立法についての要求についてAAALASの会長にコメントを求めた。「まったくの間違いだね」と彼は言った。「なぜですか？」と彼らは聞いた。彼は「神が我々に、何でも望むことを動物にしてよいと言ったからだ」と主張したのだ。レポーターたちは私に反応を聞いてきた。驚いたことに、科学機関の長が、このような神についての議論を真面目な顔で持ち出したのだ（想像してみてほしい。アメリカ物理学会が物理学者への補助金がカ

79

ットされたことに対して「神が私たちに物理学のために予算をつけなければならないと言った」などと言うことを）。私は彼の返事を冗談にした。「それが正しいとは思えませんね」と私は言った。「彼はカンザス州立大学から来たんですよ」。レポーターたちは「それがどうしたのですか？」と言った。「簡単です」と私は答えた。「もし神が、獣医学部で彼の意思をあらわすことを選んだのだとしたら、それは絶対カンザス州じゃないでしょう！　コロラド州ですよ。神の国ですからね！」〔ローリンはコロラド州立大学で教えている〕

　私たちは、一般的に価値の適切性を否定し特別に倫理の科学への適用を否定する科学的イデオロギーのこの側面について何を言おうとしているのだろうか？　鋭い読者は気づき始めているだろうが、それは人の活動として、文化という文脈に埋め込まれ、現実の人の問題に向けられており、科学は「価値から自由」だとか、ましてや「倫理から自由」な可能性などない。科学者がコントロールされた実験は逸話よりもよい知識の源だと主張するやいなや、そのダブルバインドの臨床実験は、マジック8ボールに尋ねることや、あるいは科学が神秘主義よりも現実の知識に根ざしているということのために、よりよい証明を提供することとなる。私たちは、科学が前提している価値判断に出会うことになるのだ。確かにそれらは、すべてが倫理的価値判断だとは言えないが、認識論的な（「知ることに関係する」）価値判断であり、それらは依然として、科学が確かに価値判断に依存しているということを示すのに充分だ。したがって、科学的方法あるいはアプローチの選択は、価値の問題なのだ。科学者はしばしばこの明白な点を忘れる。「私たちは科学において価値判断はしない。私たちが考えているのは知識についてだけだ」とある科学者が私に言ったように。

　実際には、科学の認識論的基盤をよく考えてみればすぐに、この基盤は道徳的判断を含んでいるという結論に導く。ほとんどの生物医学者は、現代の生物医学は論理的に（あるいは少なくとも実践的に）動物の利用——時には侵襲的な利用——を根本的生物学的プロセスについて知るた

めの唯一の方法なのだと主張するだろう。しかしながら、人が動物を侵襲的方法で利用するときはいつも、暗示的な道徳的判断がなされている。すなわち、動物に痛みや苦しみや消耗を与え、あるいは死の危険にさらすような方法を使ってでも、その知識を得ることが重要だという道徳的判断だ。あるいは、そのような知識を蓄えることは、動物になされる害にもかかわらず道徳的に正しいという判断がなされているのだ。明らかに、ほとんどの科学者はその主張に黙ってしたがっているが、それが依然として道徳的主張だという事実とは適合しない。

　人を研究に利用することを考えてみても、まったく同じ論点が生じている。明らかに、望まれない子供や公民権を剥奪され周辺化された人々は、私たち残りの者にとって、たいていはげっ歯類の典型的な動物モデルよりもずっとよい（つまり本物に近い）実験モデルだ。しかしながら私たちは、その科学的優秀性にもかかわらず、人を制限なく侵襲的に利用することを許さない。したがって別の道徳的判断が、生物医学では前提されているといえる。

　私はかつて科学者の同僚と、科学における道徳的判断の存在について議論した。彼はそんなものは存在しないと論じた。私は、もし科学が倫理的に自由なら、私たちはいつも本物に近いモデルを私たちの研究に使うだろう、だからラットより望まれない子供たちを使うだろうと論じた。沈黙が続いた後、私は再度彼に尋ねた。「なぜそういう子供を使わないんだ？」「だって、やらせてくれないだろう！」と彼はぶっきらぼうに言い返した。

　いずれにしても、他にも多くの価値的・倫理的判断が科学には現れる。単に方法論に関わるだけではない。どのテーマや問題の科学者でも、研究費を欲しがる。AIDS、公害なきエネルギー源、アルコール依存症といったテーマの科学者たちだ。しかし、金髪の張力とか、カエルの知能といったテーマではない——それは［テーマの選定が］倫理的なものを含む社会的価値判断に依存しているからだ（今日科学研究に関わるには、連邦か私企業の補助金によるしかない）。かつては人種が、あるいは証

拠の弱いIQと呼ばれる生物学的状態を測定することが人気のある科学的テーマだったが、それらは現代の社会的倫理のドグマやトレンドにあわない他の無数のテーマと同様、今では倫理的理由から禁止されている。

　科学における実験計画さえも、倫理的価値判断によって制限されている。人の薬品の安全性を実験的に試験する統計的計画は、必ず、動物におけるまったく同じ病気に使用する動物薬の同じような安全性の実験試験よりも、ずっと大きな統計的厳密さを要求する。それは、動物への害よりもずっと大きな道徳的配慮をもって、人への害が評価されるという理由からだ。

　生物医学が根ざしている対概念——健康と病気——はまた、取り消すことのできない価値評価的要素を含んでいることを、たやすく示すことができる。内科医は、何が病気であるかは事実の問題であって、その組織がブレッド・ボックスより大きいか小さいかを判断するようなことだと確信している。病気は、科学的に発見されるべき、再現可能な実体だ——内科医は科学者なのだ。この科学的立場は、その本質的でない表明において、繰り返し強調されてきた。病院にいたことのある人は、誰でも内科医が患者をユニークな個人としてよりは病気の一例として見る傾向があること——科学とは要するに、事象の再現可能な法則的側面を扱うのであって個人として個人を扱うのではない、ということに気づく。個人性を取り除く傾向は、患者のいつも変わらぬ不平だ——何かのサンプルとして扱われることは、貶められるということなのだ。実際、この傾向は医学的に有害でさえあるのに、あまり気づかれていない。たとえば痛みの治療をする場合、痛みの許容範囲（たとえばその人が耐えられる最大の痛み）は、個人によって劇的に違うことが示されてきた。そしてその許容範囲は、内科医と本当に信頼関係が築けているかあるいは内科医が患者の痛みを気にしていると感じるかといった、様々な要素によって変化しうる。内科医の作家の中では、オリバー・サックスのみが『覚醒』（邦題『レナードの朝』）において、個人個人で病気が多様なのは異様なほどだが、そのすべての複雑性において、病気が露わにされている、

82

イデオロギー

あるいはその存在が示されていると強調している。

このまったく普通の常識（しかし科学の常識ではない）は、科学主義が事実対価値を強調して——前者のみが医学的状況に入るのだ——病気のより本質的な性質を理解していないことを認識する。病気という概念には、治療を必要とする肉体的（あるいは精神的）状態という、評価的前提が切り離しがたく絡み合っている。病気という概念が、善と悪、明と暗のように、その意味を対象物との対比によって、この場合健康という概念との対照において獲得するという明白な事実を考えてみてほしい。人は、少なくとも暗示的に健康という概念（つまり、大丈夫で治療の必要がない）に言及しなければ、病気という概念を持つことはできないのだ。しかし健康という概念は明らかに、暗示的にだろうと明示的にだろうと、人や他の生物体にとっての理想に言及しているのだ。健康な人とは、人々はそうであるべきと、私たちが信じているように機能する人のことだ。この理想は明らかに評価的だ。私たちのほとんどは、もし常に痛みを感じているなら、たとえ彼らが食べ、眠り、繁殖し、などなどができているとしても、その人々が健康だとは思わない。それは、人の生についての、私たちの理想が本当に「良い」人の生についての理想だからだ——そのすべての複雑性において。

健康とは、ただ特定の人口の中で統計的に普通というだけではない（統計的に普通とは、必然的に病気という概念を伴う）。あるいはそれは、純粋に生物学的な事柄でさえない。世界保健機関は、「精神的・肉体的・社会的な『ウェルビーイング』の完全な状態である」という有名な健康の定義の中でこの考えをとっている。言い換えれば、健康とは体だけのことではないのだ。実際評価的次元は、何が「ウェルビーイング」なのかということを社会的文化的文脈において明示化するためには価値表出を保つので、明示的ではあるがうまく定義されないのだろうか？

この点を考慮しないなら、価値への言及によって、部分的に決定されるというのではなく、事実への言及によって発見されるのが病気だという概念と結びついてしまう。内科医が、肥満はアメリカ第一の病気だと

宣言するとき、この「発見」は*Time*誌の表紙を飾ったが、ほとんど誰も、内科医も他の人々もこの宣言の深い構造を分析しなかった。太った人たちは本当に病気なのか？　なぜ？　おそらくこの主張をした内科医は、次のようなことを考えているのだ。太った人々は病気になりやすい傾向がある——扁平足・脳梗塞・腰痛・心臓病など。しかし、あなたを病気にするもの自体が病気なのだろうか？　と問う余地はあろう。ボクシングは人を鼻の問題やパーキンソン病に導くかもしれない——しかしそれはボクシング自体を病気にはしない。すべてではないとしても、病気を引き起こすほとんどのことは、病気ではない。

　おそらく内科医は、保険統計が示すように肥満が寿命を短くすると考えている。そしてそれが、肥満を病気と考えるべき理由なのだ。先行する反対意見に弱いことに加えて、この主張はもっと本質的な問題を引き起こす。たとえ肥満が寿命を短くするとしても、それはどうしてもただされなければならないのだろうか？　内科医は、よく知られているように、命を永らえさせることを彼らの使命（彼らの主要な価値）だと考えている。しかしながら、他の人々、内科医でない人々は、人生の量よりも質を重視するかもしれない。したがって、45ポンド減量したら3.2か月長く生きられると私が告げられたとしても——確言ではない——3.2か月長く生きるよりも太ったままでいたいと私が言うのはまったく正当だ。言い換えれば、病気としての肥満を定義することは、評価的判断なので非常に議論の余地のある価値判断なのだ。

　同様の議論は、アルコール依存症・ギャンブル依存症、児童虐待を病気とすることについても起こりうる。ある人々には依存症になりやすい生理学的メカニズムがあるかもしれないという事実は、それ自体としてアルコール依存者（やギャンブラー）が病気だと主張する権威を与えるわけではない。おそらくすべての人の行動には、生理学的メカニズムが関与している——たとえばキレるなどの行動にも。内科医が、彼らの守備範囲として気質の管理をすることが適切だろうか（彼らは実際にそれをしている）。この点についてさらに言えば、私たちは怒りやすいこと

イデオロギー

を疾病化すべきなのだろうか——ドーベルマン症候群として？

　おそらくそうかもしれない。おそらく人々は、自分の悪さや弱さのカテゴリーが、医学的カテゴリーに置き換えられればより幸福だろう。内科医は、アルコール依存症やギャンブル依存症を病気とみなしうるとしばしば議論するが、それはあなたが何か間違ったことをしているというよりはむしろ、あなたの中で自分でもどうしようもない何かが起こっているということであって、アルコール依存者やギャンブラーは、責められないと知っていれば、より助けを求めやすくなる。私は個人的には、ある内科医が提案するように、医学的カテゴリーのために道徳的カテゴリーを廃棄する準備はできていない。そしてカントが言ったように、自由の究極の形而上学的地位と決定主義が何であったとしても、私たちはまるで私たちが自由で自分の行為に責任があるかのように行為すべきだ。もしかすると別の生理学的基盤によって、ある人は他の人より誘惑に弱いかもしれないとしても、人が自分の生理学的基盤によって酒を飲むのを強制されるということを、私は信じていない。

　私はひとつのことを思い出す。ひとりの1年生がオフィス・アワーにやって来たのだが、彼は見てすぐわかるほど動揺しており、実際涙を浮かべていた。私が彼にどうしたのかと尋ねると彼は、定期健診で内科医にあってきたと言った。彼の医療的背景を聞く中で内科医は、彼の両親が両方アルコール依存者なので、その学生もアルコールが消費される場所とくに学生のパーティに行くべきではないと決め付けたのだ。このアドバイスは、彼の社会生活に深刻な打撃を与えるのでその学生は、とても動揺しており、私に意見を求めた。私は、酒を飲まない必要性をしっかり意識しつづければ、彼はパーティや他のイベントに行ったりできると思う、と言った。「ジンジャーエールかコーラをとって、それを少しずつ飲めば、誰も君が何を飲んでいるかを見張ったりしない。アルコールをとらず、普通に振る舞えばいい。私に君の進歩を知らせてくれよ」。3年後、彼が卒業しようというとき、私に会いに来て、あたたかく私にアドバイスの礼を言った。あれから彼は普通の社会生活を楽しむことが

85

でき、アルコールのある場所にいてもアルコール依存にならなかった。彼はアルコールを飲まないように用心深く注意してきたし、実際決して誘惑に負けなかった。

　この場合重要な点は、内科医は、そうだと考えているだけで、肥満やアルコール依存症といった状態が病気だということを「発見」してはいないということだ。彼らは実際医学専門家としての権威を使って、価値観を事実のように広めており、彼らの価値判断を社会的議論から遠ざけようとしているのだ。これは、彼らが事実と価値が混じりあっているということを見ないから起こる。彼らは故意に悪いことをしているのではなくて、社会が普通そうであるように、混乱しているのだ。これを正すために、私たちは民主的な方法で議論すべきだ。私たちが健康と病気と言っていることの背後にある価値は何かを。ただ単に、それらの存在すら認識しておらず、概念的にそれを防御しようとする権威筋からの価値判断を受け入れるのではなく。少なくとも、私たちが社会的コンセンサスを生み出せないのなら、私たちは自分自身のために、それらを言い表さねばならない。

　1988年に、そのデータを生み出した実験が、［被験者の］意思に反して行われたナチによる人体実験だったため、このような実験を合法とすることへの恐れから、環境保護庁は科学的に聞こえる毒性学的データを道徳的見地から拒絶した。この決定は、他のよく科学的に確立した科学の領域——低体温症や高地での人体の反応といった1940年代に始まった研究——がナチスの実験に基礎を置き、それから派生しており、そしてそのデータが使用できなければ多くの侵襲的動物実験が代わって必要とされるという事実にもかかわらず、行われたのだった。

　私が別の本で、顕著な詳細を書いたひとつの革命について考えてみてほしい。それは意識の科学としての心理学が、心理学を表立った行動の科学とみなし内的心的状態を無視する行動主義に置き換えられたことだ。どのような事実がこのような変化を強いたのだろうか？　私たちはみな完全に主観的経験の存在に慣れ親しんでいる。行動主義の設立者ジ

86

ョン・B・ワトソンの意識の否定に心を動かされる人はほとんどいない（彼は危険なことに、ほとんど「私たちは思考を持っていない。私たちはただそうしていると考えているだけだ」と言うところまで進んでいた）。私たちはそれをコントロールすることを学べるから行為を研究することは、より価値がある、という彼の評価的主張の方に、むしろ人々は心を動かされる。

　明らかに、科学は価値から自由で倫理から自由だと主張する科学的イデオロギーの構成要素は、誤っている。より原理主義的な主張——科学は事実のみに依拠している——もまたひどく間違っている。たとえば、証明可能なもののみを科学と認めるのなら、どのようにして科学的な証明（経験的試験ということだが）ができるのだろうか？　科学は公の、客観的な、間主観的な世界の真理を露わにするという主張と、世界へのアクセスはただ遺伝的個人的認識をとおしてだけだという主張とを、どのようにして和解させうるのだろうか？　私たちがするように他者も認識すると、あるいは実際本当に認識するのかどうかを、どのようにして私たちは知ることができるのだろうか？　私たちは、他の主体が存在するという主張を証明できない。どのようにして科学は、宇宙の始まりの出来事（ビッグバン）を、仮定できるのだろうか？　それは定義からして再現不能で試験不能で一回的なものなのだが？　本当に独立的な認識が存在すると、どのようにして私たちは知ることができるのだろうか？化石や私たちの記録と一緒に世界が3秒前に創られたのではないことを、どのようにして私たちは知ることができるのだろうか？　歴史についての判断について、どのようにして私たちは証明できるのだろうか？数学的物理学的に還元するときの方が、感覚的質のレベルにとどまるときよりも、よりよく物事を知っていると、どのようにして私たちは言えるのだろうか？　これらの問いの答えは、科学的には証明されない。実際これらの答えは、科学的営為にとって前提されているのだ。

　私は実際、科学の範囲から動物倫理を取り除くための、価値の否定と相乗的に作用する他の科学的イデオロギーの構成要素をほのめかしてき

た。これは、私たちはこれらのことを客観的に、他者の思想や意識にアクセスすることなしに扱うことができないので、科学において正当に思想、感情や他の心的状態を語ることはできないという考えだ。私が別のところで説明してきたように、「同時に動物を痛みの研究のモデルとして使いながら」、この考えは科学者に動物の痛み、苦しみ、恐れの現実を否定することを許す。前著『無視された叫び（Unheeded Cry）』において、このような見方は、生物学の支配的アプローチがダーウィン主義であり、もし形態学的生理学的特性が系統発生論的に継続するのなら、精神的な特性も同じであると、ダーウィン自身と彼の追従者のほとんどが雄弁に主張しているにもかかわらず、20世紀初頭に行動主義心理学者によって受容されたことを私は示した。正当な科学から思想や感情を取り除くことは、動物の精神を研究する古い試みを論破するための、新しいデータの問題ではなかったし、古い試みの概念的欠点を誰かが発見した結果でもないということ（アインシュタインは、ニュートンの絶対的空間と時間という見かたについてそれをしたのであったが）を、私はその本で示したつもりだ。実際、精神より行動を学ぶことへの移行は、評価的レトリックに影響されていた、すなわち、もし私たちが思考より行動を研究するなら、私たちはそれを形づくり修正することを学ぶことができる——科学から行動主義的テクノロジーをありのままに抽出することができるというのだ。とにかくこのレトリックは続いており、物理学のような本当の科学は観察可能なものを扱い（この主張はいつも正しいわけではない——素粒子物理学を考えよ）、そしてもし私たちが本当の科学者になりたければ主観を失う必要がある、という。だから、科学は経験的にあるいは論理的反証によってのみ変えられ得るというイデオロギー的信念にもかかわらず、少なくとも心理学においては、何が科学的正当性と考えられるかにおける主要な変化は、価値によって引き起こされたことを、私たちは見てきた。

　私たちの価値についての議論に密接に関わる科学的イデオロギーの別の構成要素は、どんな現象でも私たちが最もよく理解するのは物理学的

レベルと化学的レベルにおいてで、理想的には物理学的レベルにおいてだという遍在的信念だ。表現型レベルで動物進化の興味深い研究をしていた私の非常に際立った生理学者の同僚が、私のクラスで、「科学は私を置いていってしまった……私の仕事は古くなった……今本当の科学はすべて、分子レベルで行われている」と言うことに導いたのはこの顕著な科学的イデオロギーの構成要素だった。

　この還元論的アプローチはさらに、科学者から倫理的考慮を取り除く。もし何かが「本当に本当」だとか「本当に真実」ならば、物理学によって記述されうるので、生物体レベルで生じる「現実ではない」とか「本当ではない」とかいう倫理的問いを扱うよりずっと簡単だ。物理学の言語はまったく数学的だ。しかし倫理的問いは数学的言葉では言い表せなさそうだ。物理学がするように、数学的に物事を表現することは、真理に近づくことで、実際「数学的嫉妬」のようなものがあまり量的でない科学の領域の間には存在していて、社会学や心理学のような領域では、それらの領域を還元主義的な理想に近づけて見せるように、擬似数学的に難しくすることがときどき行われる。最後に、もちろん、私が科学的革命について指摘したように、還元主義への傾倒は、価値判断を代表しているのであって、新しい事実の発見を代表しているのではない。どんな経験的事実も、質的仕事を量的仕事のために拒絶することはないし、アリストテレスは明示的にこのような拒絶を拒絶した人のひとりだ。

　言及する価値のある科学的イデオロギーの最後の要素は、科学は非歴史的で非哲学的でなければならないという信念だ。もし科学の歴史が単に「より正しい」理論で「間違っている」理論や「部分的に間違っている」理論を置き換えるだけのことなら、なぜ人は捨てられた間違いの歴史を研究するのだろうか？　どのようにして物事が受け入れられたり拒絶されたり、あるいは永続させられたりするかは、究極的には科学的問いではない。したがって、多くの科学者は、どの文化的要素、価値、倫理がその領域全体（たとえば意識や、私たちがすでに論じたように、優生学、知性、人種、医学的学問としての精神医学などなど）の受容や拒

絶を形づくるかについての理解を欠いている。ひとつのとても興味深い例を挙げると、今日の姿における量子物理学は、1918年から1927年のドイツで支配的だった文化的文脈がなければ決して存在しなかった。

　歴史学者ポール・フォアマンは、量子理論の発展と受容は、ドイツ物理学者の一部にとっての願いつまり、彼らの価値と科学を、ワイマールの知的生活に浸透していた、次第に強まる非決定論、実存主義、ネオ・ロマン主義、非合理主義、そして自由意思の主張に適応させたいというものだったので、決定論、合理主義的物理学には敵対的だったと論じている（Forman, 1971）。したがって量子物理学が、ドイツ社会の力強い社会的文化的環境の結果として、世界の好意が自由、ランダムさ、無秩序に向き、操作的にこのような認識論的かつ道徳的なカオスを高く評価したので、その主張によって、因果関係、秩序、そして予言可能性についての主張を伴う力強い合理主義的、決定論的、実証主義的な19世紀末から20世紀初頭の科学的イデオロギーを揺るがすことを可能にされた。

　哲学的な自己精査の拒絶はまた、科学的イデオロギーそして科学的実践を強める。なぜなら哲学は、経験的学問ではないので、科学的イデオロギーによる定義からして科学の視界から排除されるからだ。さらに歴史的に、哲学は神学のように、少なくとも純理論的な形而上学の領域では科学と競合したので、多くの歴史的精神などほとんど持たない科学者が、哲学に疑いを持ってアプローチするし、その疑いは他の人々にも広まっているのだ。いずれにせよ、科学者には彼らがしばしば形容するように、「無意味な思索」をしたり「もったいぶって話」したりする時間はない——彼らは忙しすぎて省察できないのだ。「ノーベル賞を取ったら私は哲学を書こうと思う。誰もが読みたがるだろうから。それに意味があってもなくてもね！」とある科学者が私に言ったように。明らかに、科学と倫理を省察するにはノーベル賞を待たねばならないということだ。

　読者は注意してほしいのだが、科学的イデオロギーについての私の例

の多くは、何十年か古い時代から引用されている。それは科学的イデオロギーが概ね人々には無批判に受け入れられてきたからだ。人々は科学者が信じていることを気にしなかったから——科学者は多くの奇妙なことを信じていたのだが——科学的コミュニティが不信の目でジェーン・グドールの作品を見たときのように、あるいは動物研究の遺伝子工学的領域において、科学が引き起こした倫理的問題についての人々の懸念を尊重し共有することに失敗したときのように、科学者は、彼らの思考の多くの側面を露わにする公的宣言についてほとんど考えなかった。人々が今、たとえば動物の意識を否定することなどについて、科学者が何を考えているかについてもっと懸念しているのに伴って、科学者はより防衛的になってきている。基本的科学的イデオロギーは変わっていないとしても、社会的および倫理的懸念の軽視が科学的自由を危機にさらし、科学はより慎重になっているのだ。

　その優れた例が、科学のコースでは、依然として倫理的問題が教えられておらず議論されてもいないという事実によって与えられる。しかしながら1990年にNIHは、政府が研究倫理だと考えるもの、法令遵守に関する「研究の責任ある行為」を教えるように命じたのだが、それは宗教のカテキズムのように2～3日で一連の「～してはならない」という決まりが、倫理的バックグラウンドのない人々によって議論もなしに教えられるものだ（ひとつ例を挙げると、私の大学の化学の教授が、倫理を教えるための「2日間の」講習に参加して、「倫理的指導者として適任」と証明する「資格」を獲得した。彼女は一度も哲学をとったことさえなかったが、なんということだろう……それは単なる「倫理学」にすぎないというのだ！　私は、私が2日間以上化学の講習に参加したことを証明するバッジを作ってほしいとアーティストの友人に頼んだのだが、それがあれば私は量子化学を教える資格があるというわけだ）。

　このような倫理教育に対する侮辱は、すべてのクラスに広がっている。私は30年以上倫理学を教えてきたのと同様に、多くの上級レベルの科学のクラスで教えてきたので、倫理を適切に教えることの方がはるかに

難しいとはっきり断言できる。最近私は、「法令遵守」講習をとってから、私の大学院のコース「科学と倫理」をとっている多くの学生を教えたのだが、学生たちはこのふたつが「昼と夜」のように違うと書いていた。「『法令遵守』は、私たちに何をしてよいか何をしてはいけないかを教えましたが、あなたは私たちにその『理由』を教えました！」とひとりの学生が書いたように。

　今私たちはイデオロギーを理解し、それが科学の常識において動いている方法を理解したので、重層的な形而上学が同じ個人の中に存在する方法の議論に戻ることができる。アナロジーを考えてほしい。仕事場で普通に見るために眼鏡が必要な人がいたとする。唯一の問題は、その視力矯正の特性ゆえに、その眼鏡は彼が紫色を紫色と認識できなくしてしまうことだ。彼には紫色が灰色に見えるのだ。ついには、彼は仕事場に紫色のものがあることを忘れてしまうかもしれない。同様に、人は充分に科学的イデオロギーを叩き込まれたら、そのイデオロギーを共有する仲間と働くことに慣れてしまうだろうが、「科学における倫理的問題への気づきは、単に誰かの考えや会話から現れてくるものではない」。もし人が、科学の中に倫理的問題を見る科学者でない人々と交流するなら、教育ある人が、オーストラリア人は「さかさまに」暮らしている、と思うような科学的にナイーブな人を退けるのと同じ方法で、彼らは単に科学的見方を知らない人として退けられうる。

　ひとつの重要な区別がここでなされなければならない。あるイデオロギーは典型的に、人生のすべての側面に広がる。人種差別主義はこの種のイデオロギーだ。科学的イデオロギーは科学的活動という文脈に制限される傾向がある。たとえばジョン・B・ワトソンは、イデオロギー的に人間や動物といった他者の意識を否定することに傾倒していたが、しかしながら、ワトソンが家に帰って自分の妻が話しかけてきて「私が何考えてるかわかる、ジョン？」と聞かれて「私はあなたがそもそも何かを考えているということを疑う」と言わないだろうことは道徳的に確実だ。言い換えれば、イデオロギー的傾倒は、普通の生活のプレッシャー

イデオロギー

によってチェックされるものなのだ。イデオロギー着脱のプレッシャー
は、人々の中に、心理学者が区分化と呼ぶ状況を作り出す。ニューヨー
ク市立大学の学部生だったとき、私は正統派ユダヤ教徒科学者協会と呼
ばれるものに気づいた。原理主義者の科学者はそこら中にいて、科学者
である瞬間には地球ができてから何十億年も経っていることを完全に受
け入れる一方で、世界は創造から5000年だと信じることができていた。
デカルトを含む多くの科学者は、科学的活動においては動物を、痛みを
感じない機械と見る一方、普通の生活においては、溺愛と愛着をもって
動物を扱うものだ（デカルトはスパニエルを飼っていて、犬たちを贈り
物にしたりもした）。同様に、多くの科学者が、倫理的判断には何の意
義も認めない一方、普通の生活においては政治的にリベラルな目的のた
めに傾倒する。主な問題は、同時に存在するイデオロギーが、互いに邪
魔しあうことがほとんどないという事実だが、それゆえ区分化が広がっ
ているのだ。

　科学的イデオロギーにとって、倫理の否定と同じくらい重要なのは、
意識・思考・感情・他の気づきのモード・精神的活動の証拠を否定する
ことだ。実際、先に見たように、動物が精神を持っていないということ
で、彼らにとって何も問題はないことになるので、道徳的配慮の射程か
ら動物を除くための、道徳的に適切な相違が構成できるというわけだ。
デカルトが、便利なことに、意識の帰属を言語の所有に帰属させたこと
を考えてみよう。これから見ていくように、実際言語を要求する精神の
側面はある。言語なしには、否定的なことを考えられない（図書館には
ジャガーがいない）し、創作的なことも考えられない（スーパーマンは
スモールヴィルで育った）し、仮想のことも考えられない（もし雨が降
らなかったら公園で会える）し、あるいは未来のことも考えられない（私
は来年の夏アイルランドを訪ねたい）。しかし人は、テロスの要求が充
たされて喜びや満足を感じるのと同様にテロスの蹂躙との関連で否定的
な思考や感情を経験することが確かにできる。ここで重要な哲学的問い
が現れてくる。動物に精神状態を帰属させることは、私たちが擬人化的

93

推論を利用することを要求するのだろうか？　すべての学者、とくに生物学や心理学の科学者は、擬人化をとんでもない罪だと考えている。擬人化は正当だという議論を構成できるのだろうか？　この問いに入る前に、私たちは、テロスの蹂躙は実にひどいものになりうるということを想い起こしておく必要があるが、それらを認識するために、ジェーン・グドールになる必要はない——雌豚のストール、キリンやシャチの囲いこみ、子牛のクレートなどなどが——、行動学者ではない普通の人々が見てひどくショックを受ける理由なのだ。

逸話・擬人化そして動物の精神

　生物学あるいは生物医学におけるトレーニングから、動物に精神状態を擬人的に帰属させるのを嫌う研ぎすまされた懐疑主義を発展させることなく出てくることは、事実上不可能だ。同様に、生物学専攻の大学卒業生には、普通の常識によって決まって受け入れられるような逸話的情報にアピールすることによってこのような状態を説明する試みは疑われる。

　科学者の卵にこの懐疑主義を教え込むことは、私が、科学の常識とか科学的イデオロギーと呼ぶものの主要部分であり、問題の科学的学問の経験的物質的構成要素とともに、事実として教えこまれる根本的あるいは哲学的な前提だ。動物の精神作用の場合、この哲学的スタンスは以下のように要約されうる。科学は直接観察されうるもの、あるいは実験的証明の対象となりうるものだけを扱うことができる。この知覚対象を指示することの失敗は、歴史的に科学を、思索を伴う不安に満ちた形而上学、そして神学にさえも導いた——ベルクソンの生の飛躍やドリーシュのエンテレヒーそしてウィリアム・ペイリーから創造論まで、繰り返し見られる生物学を取り込もうとする多様な神学的目的論へと導く。動物における思考・感情・概念・願望・そして意図は、認識しうるか実験的に調べられる種類のことではないので、議論が続いていくのは明らかだ。したがってこのような素材は、正当な研究対象ではない。この立場は、ある種の実証主義では暗示的に、ワトソンの行動主義の定式化において

ははっきりした表現を見出すが、それは、別の方法で行動主義に敵対的なコンラート・ローレンツとニコラス・ティンバーゲンのように主要な影響が実証主義にさえあることを明るみに出す（したがって1948年のチャールズ・シラー『本能的行動（*Instinctive Behavior*)』は最初に行動主義者と動物行動学者が出会った記録だ。それは動物の精神作用について語るのを慎むことを方法論的必要だとするふたつの集団の絶対的な一致を強調している。ふたつの派閥は、実際、他のことではほとんど一致できなかったのだが）。

　明らかに、逸話的な擬人化は、他のすべての論争と同様に濫用の対象だ。たとえば、私が引用した私の妻の同僚が、自分の犬は誕生日を知っていて、それを祝ってもいると信じているといったケースだ。そして実際、科学史にはたくさん擬人化の過剰な例がある。たとえば、私が大切に持っている19世紀初頭の大きな昆虫学の教科書がある。ウィリアム・カービーとウィリアム・スペンスの『昆虫学入門（*Introduction to Entomology*)』という本であり、私たちのものよりずっと文学的な時代の特徴だが、エレガントな美麗調の散文によって書かれている。生物学と昆虫の種の大きな多様性ある行動が描かれているのに加えて、各章には昆虫の生の形が、少し詩的な描写をちりばめて記述されている。一番奇妙なのはおそらく、著者たちが昆虫の行動を、倹約家、時間に正確、生産的などのような道徳的美徳を体現するものとして行動を描いているところだ。奇妙さに驚かされる一方で、同じ教科書の中に道徳性が科学と並列していた時代を思い起こせる魅力もある。多くの生物学の教科書が、同じような形をとっていて、それらはまったく、擬人化の過剰の対象として描かれている。放任された擬人化を非難することから、「どんな」擬人化も正しく非難することへと移動するのは明らかな論理的誤りだ。

　先述のようにチャールズ・ダーウィンが擬人化を精神の系統発生論的連続性の不可避的な結果と見ていたとはいえ、それに続いて起こった科学的イデオロギーは、全然鋭敏ではなく、擬人化を誤りとして退けた。加えて、ダーウィンは動物の精神作用を描いた逸話をたくさん集めてい

たが、それは先に言及したように、彼の秘書ジョージ・ロマネスに受け継がれた。ロマネスはそれらを『動物の知性（*Animal Intelligence*）』と『動物における精神の進化（*Mental Evolution in Animals*）』という2巻本に編集した。ロマネスは逸話を受け入れる条件について厳格だった。

　たとえ私たちがそれらをたんに自然における事実と見るにしても、比較解剖学を構成する主観的物質構造現象として正確に分類したという点で、少なくとも偉大とは言える時期だということをロマネスは私たちに告げている（Romanes, 1882, vi）［強調はローリンによる］。動物の精神作用という現象は、事実の主観的問題で、人間の歴史をとおして広く流通していた事実で、他のどんな種類の事実よりも原理において、もはや問題的でさえない事実なのだ。私たちは、人間の精神作用を知っているように、それを知ることができる。橋渡しに必要な認識論的隔たりあるいは壊すべき形而上学的バリアはない。動物の思考に関係するデータは、人類の歴史の夜明けから蓄積されている。方法論的問題は、小麦を籾殻から区別するように、人間の知識のすべての領域に存在する、同種の問題を区別するということだ。ロマネスが言うように、普通の経験の事実により大きな信頼性を与えた進化論前夜には、それらを理論から説明し人間の知性と動物の知性の間に「遺伝的継続性」が存在する高い蓋然性を指し示した（Romanes, 1882, vi）。

　しかしもし後に続いたことが、単に系統発生論の尺度を使う動物精神に関する逸話の記録にすぎなければ、どのようにしてロマネスは彼が嘆かわしく思う逸話屋から区別されたのだろう？　まず、彼は疑いなく目的の真面目さと言うだろう。そして第二に、彼の逸話を進化論の文脈に位置づけることを試みるだろう。しかし第三がより重要なのだが、ロマネスは、彼が提出する事実の選択基準を設定することに配慮している。彼が言っているとおり「できるだけ広く網を投げることが望ましいと考えてわたしは科学的河川でするのと同様に大衆文学の海で漁をした」（Romanes, 1882, vii）。はじめロマネスは、要求に適うことが明らかな観察者による報告だけを事実として是認するつもりだった。しかしまもな

く彼は、動物の中に人間より知性ある個体がいるかもしれないので、それでは厳格すぎると気がついた。人間より知的な動物の個体が、人間の観察下に降る可能性は限りなく低い。だからその代わりに、彼は他のより厳格でない原則を発見したのだ。

　第一に、［著者の］名前に権威のない真偽の疑わしい事実は決して受け入れない。第二に、［著者の］名前が知られていないが、十分な重要性があると推定される場合には、それが記録されたときの状況から、間違った観察をする顕著な可能性があったかどうかを注意深く熟考する。この原則は一般に、動物の真偽の定かでない事実あるいは行為が、とくに顕著で間違いのない種類であり、行われたという行為の目的を見ることを要求する。第三に、無名の観察者によって記録された重要な観察はすべて、他の独立した観察者によって行われた同じようなあるいは類似の観察によって確認されてきたかどうか、真偽を突き止めるべく記入する。サンプル選択を導くためにとても役立つことがわかったこの原則は、別の観察者によって無意識に確認される、本質的に蓋然性が否定されるわけではない事実の陳述だが、それらはひとりの知られており権威のある観察者の陳述と同じくらい信頼性があるとみなされるべきであり、私は前者が後者より、少なくともより豊富だということを見出した。それに加えて私はしばしば、よく知られた観察者の主張を、同様にあるいはよりよく知られている他の観察者たちによる主張によって実体化することができた（Romanes, 1882, viii-ix）。

このロマネスの方法は、実験室で働く科学者が使う方法たりえるだろうか？　それについて仮説と条件をコントロールした試験はどこにあるのだろうか？　訓練された科学者の観察と一般人の観察との間の区別はどこにあるのか？　どこでロマネスは、単なる複雑な機械というよりむしろ、そもそも動物には精神的特徴があるという仮説を立てたのだろう

逸話・擬人化そして動物の精神

か？　伝聞！　擬人化！　逸話！　真面目に受け取ってもらえない！

　これらの反対のいくつかは、ロマネス自身によって、むしろこの上なく洗練された方法で扱われている。他の人々への反応には、彼の立場の論理が外挿されうる。しかしながら、一度私たちが演繹した前提の結果を扱うことは、何もひどく難しいことではない。

　彼の前提のひとつは、進化論が所与だということであり、どのようにして人が人間と動物との間の精神的特徴の連続性という仮説だけを避けられるのか見ることは難しい。第二に、すべての時代とすべての文化を通じて常識は動物の行動を、精神作用に帰属させて見てきたし説明されてきたのだ。ロマネスはこの効果について議論してさえいる、すなわちもし私たちが感情や精神作用の証拠として動物のふるまいをカウントすることが許されないなら、適切な人の行動をこのような証拠としてカウントすることができるのだろうか、と。私たちが直接アクセスする意識だけが私たち自身のもので、他の人々の精神は、動物の精神のようにアクセス不能だ。ある場合には確かに私たちはそうするが、他の場合にも必要な変更を加えて適用するのだ。しかしもし私たちが、それに直接アクセスできないという理由で、動物精神についての懐疑主義を選ぶとしたら、他の人々の精神についても同様に私たちの懐疑主義を広げなければならない。そして、他の人々に対してだけでなく、外部世界に対しても、そうしなければならない。というのはその最終的分析において私たちが持っているのは、私たち自身の認識であってそれは間主観的で外部の認識が存在する外的世界の存在を確証できないからだ。しかしその場合、物理学的科学はもはや概念的に精神科学より整合的ではない。だから、肉体の科学が擁護できないのは、精神の科学が擁護できないのと同じである。普通の常識は、無駄な宣言として、この種の懐疑主義を疑うが、それは動物にでも人間にでも、肉体に対してと同様に精神に対してもそうしなければならないのだ。ロマネスはこれを以下のように述べている。

客観的精神作用について私たちが持っている唯一の証拠は、客観的行動によって提供されるものだ。そして客観的行動を伴う精神過程の直接的感情によって学ぶのと同じく主観的精神作用は決して客観的なそれとは統合されず、どんな場合でも、彼自身の精神過程が客観的行動を伴っていないなら、推論の有効性を疑うことを選ぶ人を満足させることは明らかに不可能だ。したがって、それはどんなに無茶苦茶な形であろうと、哲学は観念論を反証する事実を提供することはできないということである。しかしながら常識は、ここでは類似が、不可能な証拠のための懐疑主義的要求よりも、真理への安全なガイドだということを、普遍的に感じ取る。だからもし他の生物体とその行動が客観的存在とみなされるなら——他のすべての科学のように実態のない夢かもしれないが、比較心理学の前提なしに——常識はいつも疑いなく、私たちとは違う生物体の行動は、私たちが知っているある精神状態に伴って現れる私たち自身の行動と類似の精神状態を伴う、と結論づけるのだ（Romanes, 1882, 6）。

　そうだとすれば、形而上学的反対はとても多い。しかし今日の科学者が提示する他の問題についてはどうだろうか？　たとえ私たちが動物の精神作用という事実に同意するとしても、確かにそれは、逸話への移行によってではなく、コントロールされた実験によって最もよく研究されうる。

　ロマネスの逸話への移行は科学的に無効なのだろうか？　それは、私たちが普通の証明基準を弱めたり保留したりすることを要求するのだろうか？　まったく逆だ。ロマネスは、私たちが動物の精神作用に適切なデータをたくさんごちゃ混ぜにして適用することを奨めている。歴史的出来事を再構成するとき、伝記を書くとき、裁判において人々の動機や有罪無罪を評価するとき、私たち自身を告発に対して防御するとき、私たちが矛盾した話をする人々を判断するときなどに同様の理由づけを適用することを。これらのケースすべてにおいて、私たちがすべきことは、

証拠と妥当性の標準的ルールや基準に対抗して、データを測ることだ。ロックが報告した、会話を止めさせることのできるオウムの場合のように、そのデータは周知の法律や確立した証拠を蹂躙するだろうか？　そのデータ源には、ある種の話を語る既得権があるだろうか？　そのデータ源には裏の意味があるのか？　そのデータは時間的空間的に完全に独立した他のデータと一致するか？　要するに、動物の精神作用についてのデータを測ることは、他のデータを測るのと、たとえば歴史的人物の性格についてデータを測ることと何も変わらないのだ。したがって、私たちは、ヒトラー夫人の、アドルフは蝿も傷つけない良い子だったという主張を疑う。もしあなたが、動物の思考の存在と性質に関して適切なデータはないという先験的前提をもって始めるなら、そのような方法は不合理だ。しかしもしあなたが動物の痛み、苦しみ、罪責感、計画、恐れ、憐れみ、忠誠や他の自明な精神作用の存在についての常識（と進化論的）見方をもって始めるなら、なすべきことはこのような状態を整序し制限することであり、それでこの方法は蓋然性があるだけでなくデータの海の中で、不可避的に小麦と籾殻を分けることができるのだ。

　しかし確かに今日の科学者は、このようなランダムな観察は、訓練された観察者によって、実験室の状況において蓄えられたデータの信頼性を持たないに違いない、と言う。少なくともこれは、認めなければならないと科学者は言う。全然そんなことはないのだ——実験室での実験が人間の動機や性質について普通の経験よりもよい指針を提供するということは、決してない。どんなコントロールされた実験も、私の友人のひとりがいやらしい人だという証拠や、人々が私がふだん経験しているよりも金儲けに長けているという証拠を提供することは決してないのだ。動物の思考（あるいは行動）についての実験室の実験は、とても異常な状況にある異常な動物に焦点を当てる傾向がある。実験室のラットやネコは、20世紀の心理学研究で最もよく使われてきたが、そのデータの多くは考えうる限り最もありえない状況下での行動に属している。つまり彼らが衝撃を受け、怖がり、「学習的無力感」を作りだすようにデザ

インされた、逃れられない苦痛を伴う状況に置かれたときの、あるいは混みあっていたり、目隠しされていたり、閉じ込められていたりするときのデータなのだ。このすべてからほとんど何も、ましてや「正常な」猫の行動について描写を始めることなど出てこないことは自明だ。重要な意味において、すべての実験室での精査は、その定義からして異常であって、生物体の正常な行動を見失わせ、同時に私たちがテロスを理解するのを助けることもない。

　議論の膨大な持ち駒を、動物における精神状態の擬人的語りに対抗して整理し、このような主張を逸話的に補強すれば、人は科学者が、このような語りを指示することをいやがることを理解できるし、実際このような語りは20世紀のほとんどを通じて事実上科学的文章からは消え去った。それにもかかわらず、この問題はもう一度科学的領域に押し出されてきた。なぜそれが起こったのだろう？　動物の意識についての実証主義的・行動主義的懐疑論を和らげるために戦う歴史的ベクトルには多様性があるのだ。しかしとくにここで想い起こす価値があるのは、科学の常識とは区別される普通の常識だが、もちろんヒュームが指摘するように、普通の常識にとって、動物の精神についての懐疑主義ほど嫌なものはほとんどない。しかし最近まで普通の常識は、科学的常識の蓋然性のなさをほとんど気にしなかった。もし科学者が動物に精神はないと信じたければ、それが何だというのだろう。科学者はたくさん奇妙なことを信じているのだ。

　ふたつの競合する常識の大きな衝突は、過去数十年の間に起こった。というのは、普通の常識が動物における思考や感情の存在から顕著な「道徳的」含意を引き出し始めたのがこの時期だったからだ。普通の常識は確かに、動物が痛みや恐れなどを感じられることを決して疑わなかったとはいえ、動物利用の性質上日常生活にとって動物の搾取が隠されていたため、そこから何の道徳的結論をも引き出さなかったのだ。科学は他方、動物の精神を否定することによってだけではなく科学的イデオロギーの他の大黒柱によっても動物との自分自身の活動の道徳的含意から絶

縁した。科学は価値から自由で、道徳的判断は証明できないので、道徳的立場をとれないという主張だ。

　しかし、遅まきながら普通の常識は、私たちの動物に対する道徳的義務の意識についてどんどん成長してきたし、科学に好きなようにやらせておくことへの嫌悪感もどんどん増加してきた。人々の、動物の扱いと科学の不可知論的態度への注目についてのこの変化の理由は概して道徳的なものであり、過去60年間に生じた動物利用の根本的変化から現れたものだ。第二次世界大戦前まで、実にほとんど人類史の全期間にわたって、社会における大々的動物利用は農業においてだった——動物は食料、繊維、交通手段、そして戦争のために飼養された。成功した動物生産のカギは「ハズバンドリー」だった。「家（世帯）に結びついている」という意味の古代スカンディナビア語の*husbondi*から派生した言葉だが、ハズバンドリーは、自然的・人工的な選択によって生物学的に成長するのに適した最善の環境に動物を置くことを意味し、さらに、医療的ケアの提供によって、また捕食や極端な気候からの保護の提供によって、飢饉や旱魃の間にも食料と水を提供することによって、生き延び繁栄する彼らの自然的能力を増大させる。「ハズバンドリーは本質的に彼らのテロイを認め尊敬する方法で動物を保つものだ」。実際、詩篇作者が神と人間との関係を図式化するメタファーを探したとき、人類史におけるハズバンドリーの要請がとても力強かったので、ハズバンドリーの原型的役割をつまり羊飼いの役割を引用したのだ。

　主はわたしの羊飼い。わたしは乏しいことがない
　主はわたしを緑の牧場にふさせ静かな水のほとりに導く
　主はわたしの霊を生き返らせる

——詩篇23篇

　したがって、ハズバンドリーの要請は、思慮分別と倫理のほとんど完全な混合物だ。「賢い人は自分の動物を気遣う」ことは自明だ——それ

に失敗すれば、動物と同様自分自身を傷つける。ハズバンドリーは自己利益によって保証されており、適切な動物の世話についての重い倫理的強調を置く必要はなかった。ひとつの例外は、あからさまな残虐性や乱暴なネグレクトに対抗した古代の禁止規定だが、それは自己利益に動かされないサディストやサイコパスをカバーするためにデザインされたのだ。

　それで、動物を適切に扱うことは、人類史のほとんどを通じて、最も強い動機——自己利益によって支持されていたので、社会的倫理において重く強調される必要がなかった。ハズバンドリーに基礎を置く動物農業——社会における動物利用の圧倒的多数——は、四角い穴には四角い杭を入れ、丸い穴には丸い杭を入れて、ほとんど摩擦が起きないようにしてきたのだった。動物農業——歴史的に言うと事実上すべての動物利用と言える——は、したがって、人間と動物の間の公正な契約であり、両者が家畜化に代表される古代の契約から利益を得たのだった。

　この古代の公正な契約は、20世紀半ばにハイテク農業の興隆とともに劇的に変わった。私が「技術的研磨機」と呼ぶもの——抗生剤、ワクチン、ホルモンなど——の到来によって、人はもはや動物の生物学的性質によって農業を制限されなくなったのだ。人は今や、動物の利益とは関係のない動物の苦痛を伴って、丸い穴に四角い杭を押し込み、四角い穴に丸い杭を押し込めるようになった。動物の福祉と動物の生産性の間の関連は深刻なものとなった。同様に、膨大な量の研究と動物による毒性試験の興隆がほぼ同時に始まり、動物利用は、前例のない方法——動物を病気にし、傷つけ、火傷させ、恐れさせ、痛みを与えるなどで、動物を害するようになったが、動物に対する損失補てんは全然なかった。歴史上初めて、人によって利用される動物の福祉が道徳的問題となったのだ。1970年代遅くまでに、ヨーロッパ人と北アメリカ人は、苦痛を緩和し、動物のウェルビーイングを保証するために、動物利用は研究や農業において修正されなければならないと要求していた。

　このような状況において、科学的イデオロギー、動物の意識について

104

の不可知論は、動物利用への社会の懸念と衝突することがますます増加した。この新しい社会的傾向、つまり動物福祉についての懸念自体が、私が動物の思考と感情についての「普通の常識の再有効化」と呼んでいることを、科学に強いたのであった。だからたとえば、実験動物の痛みと苦しみをコントロールするよう命令する連邦法の出現は、動物が考え感じていることを知る私たちの能力について完全に懐疑的な科学者にとっては、明白に不適切だ。したがって科学的イデオロギーは今、脅かされており、普通の常識にあわせて曲げられなければならなくなっている。

たとえば、1987年にアメリカ獣医学会（AVMA）が開催した動物の痛みと苦しみについてのシンポジウムとそれに伴うパネル報告を取り上げてみよう（American Veterinary Medical Association, 1987）。この報告では動物が痛みを感じることを認め、人への外挿はすべて、動物が痛みを感じるという前提に立って、動物で行われてきたと指摘した（伝統的な科学的常識は、痛みの研究を、痛みのメカニズムと行動の研究として説明し、そして主観的経験的次元についてのどんな語りも無視してきた）。実際報告は人のモデルに使用されたすべての動物研究は、暗黙の前提として擬人化に基礎を置いていたと、とても適切に続けている。そして原理において動物から人への外挿が可能なのだとしたら、なぜ逆をしてはいけないのだろうか？

しかし科学の常識の原理主義的支持者は、私たちの議論にまったく影響されないだろうし、彼または彼女は、次のように反応することだろう。私たちにかけられている政治的圧力を認めるなら、まるで動物の意識を科学的に知りえるし、前提できるかのように振る舞わねばならなくなると。しかし上述の詳しい理由によって、実はそうであってはならないのだ、と。

私も関係している、このような科学的強情のほろ苦くも愉快な例が、米国農務省の役人で、実験動物の福祉を向上させようとしていた1985年の連邦法の解釈を担当していたロバート・リスラーによるものだ。麻酔・無痛法・沈静法・安楽死をとおして痛みと苦しみをコントロールせ

よという命令に加えてこの法律は、研究に使われる人以外の霊長類には「心理学的ウェルビーイングを向上」させる環境を与えるように要求していた。彼自身、動物の精神作用についての不可知論のもとで訓練されてきた獣医師のリスラーは、霊長類についてほとんど知らなかったし、霊長類の心理学的ウェルビーイングについてはもっと知らなかった。それにもかかわらず、彼は霊長類の心理学的ウェルビーイングについて実用的な意義を与える規則を作る担当になった。いくらかナイーブにも、彼はアメリカ心理学会の霊長類学担当部門に行き、この曖昧な概念の定義について相談しようとした。「心配することはない」と彼らは彼に保証した。「そんなものは存在しない」。「しかし 1987 年 1 月 1 日（この法律の施行日）以降は存在するようになるんです。あなたが私を助けてくれてもくれなくても！」とリスラーは示唆に富む返事をした。

科学はもちろん、世界を知るための手段だ。もし科学が逸話的データや擬人的な表現をとおして動物の精神作用に近づく私たちの能力を否定したら、社会に現れたウェルビーイングについての重要な倫理的問いに答えたり、答えるのを助けたりすることを不可能にしてしまう。動物の扱い、福祉、受け入れられる環境、痛み、苦しみなどといった問いに答えるためには、動物が経験し感じていることについて意味のある主張ができなければならないのだ。

これをするために、動物の生への普通の感情移入経験に基礎を持つ擬人的表現を使うことが許される。私の動物農業の学生が、動物について精神的表現を使うことを拒む機械論的教員によって動物行動学を教えられたが、自分の牧場に帰るときにはその教授の教えを無視していると報告してきた。「もし私が雄牛は今日は機嫌が悪いとわからなかったら、もうこの仕事を続けられないでしょう」と学生のひとりが言った。動物と働くための私たちの能力とは、彼らの行動を予想し、彼らの必要を充足させ、機械論的な表現を毅然とやめることなのだ。したがって科学的常識の不可知論は、本質において正当な経験的調査の領域から動物倫理の問いを取り除いてしまう。

逸話・擬人化そして動物の精神

　上述のような懐疑主義は、もし体系的に科学を信奉するなら、科学することを不可能にしてしまうと、指摘する必要がある。というのは、真の事実において、科学的活動の確実な前提は、科学においてはすべてのものが観察可能でなければならず、直接実験的確認ができなければならないという主張をひどく蹂躙しているからだ。以下のことを考えてほしい。科学は、ひとつの現実的で公的で間主観的にアクセス可能な世界が、私の認識から独立に存在し、他の人にも他の科学者にはとくに、アクセス可能な世界が存在すると前提する。それはまた、他の科学者が公的世界を認識することを、そして多かれ少なかれ、自分が考えるように考えるだろうと前提する。そして、人は世界についての真実の科学的報告と虚偽の科学的報告を区別できることを前提するのだ。そしてまた、私たちがそれを直接経験できないとはいえ、本当に過去があることを、宇宙が化石やすべてのものや記憶を持った私たちが3秒前に創られたというのは事実ではないと前提する。重要な点は、これらの信念はどれひとつとして原理的にさえ、観察や実験による直接的試験によって確認することができないということだ。しかし、たとえ彼らが科学的常識の前提という言葉によって何が意味されているのかについて争っていたとしても、これらの前提を拒絶しようとする科学者はほとんどいない。もし彼らがそれらの前提を拒絶したなら、彼らは科学することができないだろう（唯我論的科学とはどのようなものだろう？　なぜ出版するのだろう？）。したがって上記のような厳格な懐疑論は、誘惑的には違いないが、それを受け入れるなら、科学も一緒に破壊してしまうものなのだ。

　明白な反応は、唯我論を包含することには、あるいは世界史を3秒の長さのものとして扱うことには、他者の精神や外部世界を否定するための妥当性がないということだ。そして私はこれに完全に同意する。私の見方では、動物の精神作用を否定することには、同様に妥当性がない。哲学的には、人が直接観察可能なものだけを科学に含めるという厳格な説明主義をあきらめるやいなや、ある種の非証明主義的信念が受け入れ可能だということを、妥当性の基礎の上に認めることができるようにな

り（たとえば観察者から独立して正常にアクセスできる外部世界についての信念）、科学的受容可能性の厳格な論理的条件を、プラグマティックなものに置き換える。その際人は、ただ機械論的試験を適用するよりも、科学からある概念を排除することについて「論じる」必要がある。もちろんこれは実際科学の歴史において起こっていることだ——重力からブラックホールまで、科学は直接証明できず直接実験できないすべての存在や過程について語ってきた。実際現代物理学は、伝統的に科学の中の科学として語られるが、科学の常識を蹂躙する概念を積極的に増やしてきた。このような理論的概念は、私たちが現実を理解するのを、それらがない場合よりずっとよく理解するのを助けたので、当然受け入れられてきた。

　動物における精神の話には、同様の正当化がある。私たちが痛み・怒り・愛情といった概念を動物に帰属させることなしには、普通の生活における動物の行動を解釈できないというのが、すでに触れた心理学者デイヴィッド・ヘブの論点だが、そういった概念はすべて、行動の上につけ加えるべき精神主義的構成要素なのだ。「1匹の犬が痛みのさなかにいるというのは、ただその犬がある範囲の行動や反応を示しているのを意味しているだけだ」と言っても、その苦しみや食欲不振を説明してはいない。それは何かを感じている——「困っている」——のだと前提しない限り。それは、私たちが困っていると感じることに、機能的に対応しているのだ。この前提は実際、AVMAの「動物の痛みの認識と緩和」のパネル報告として述べられたのだが、動物の痛みの研究をすることと無痛法のスクリーニングをすること、そして外挿によって人への結果を推測することが前提だった。私が関心を持ったのは感じることが両者に共通で、ただつくりやうめきが似ているのではないという点だった。

　それで、動物の精神についての伝統的科学的懐疑主義は間違っていることをもっと確立しようと私は試みた。さらに痛みの例を用いて、少なくともあるケースでは、精神作用の科学的帰属は不可避で、理解できることを前提した擬人化に基礎を置くべきだということを私は論じた。

今、動物の精神作用についての情報の源として逸話の概念を再度紹介することがふさわしいし、また科学への適切さを検討するのがふさわしい。優れた出発点は私たちが用いてきた痛みの単純なケースだが、1985年の *Veterinary Record* に掲載されたデイヴィッド・モートンと P. H. M. グリフィスの有名な論文は、動物における痛みの認識と緩和をテーマとした最初の論文のひとつだ。著者たちは動物の痛みと程度を評価する基準を提供しながら、動物の痛みについての最上の情報源は農民・牧場主・動物の世話をする人々・動物のトレーナーたちだと強調している──要するに、これらの人々の生活は動物とともにあり、動物によって生計を立てているのだ。先述した妥当性の条件が所与だとしたら、動物の世話をする人々から痛みの情報収集をする価値があるのは明白だ。他方、動物に依存して生きていない科学者は、高度に人工的な実験室の環境で動物の痛みや他の精神作用についての不可知論を述べることが得意だ。もしあなたが前者のクラスに当たるとして、痛み・恐れ・怒りなどを自分の動物について認識できないなら、あなたの生活は破綻するだろう。動物は、他の多くの否定的な結果とともに、とても怪我に弱くて、あなたの要求する訓練についていくことができないだろう。

したがって、科学がとくに動物の思考を否認し、それを研究しようともしないという所与において、何千年間も動物の思考を理解するよう強いられてきた人々に注目することは完全に適切だ。確かなことは、そのような情報が「逸話的」であろうということ、すなわち実験室での実験によって獲得され分析されたものではないということだが、しかしだからといってそれが有効でないというわけではない。

したがって私たちは、痛みの単純なケースにおいて科学の常識は間違っているらしいこと、そして人は動物の経験について話すことができるということを見てきた。私たちが他者の経験を理解する導きとして自分自身の個人的経験を使うように、人は擬人化の尺度を使うべきだ。そして人は、少なくとも現在は逸話的情報に依拠すべきだ。実際、苦しみという概念について、さらに印象的な議論が行われうるのだが、苦しみと

いう概念は人間に関してさえ科学的文章には現れないのだから、動物に関しては当然現れない。

人はまた他の要素でこれらの議論を補強できる。人と動物における痛みへの類似のメカニズム、類似の行動的反応、類似の神経化学、そして系統発生的連続性の妥当性がすべて、認知的あるいは後天的理由で痛みを感じない人がうまくやっていけないという事実が動物が痛みを感じることについて肯定的に作用する。

人は、私たちが展開してきた議論に反応して、以下のように言える。人が痛みのような単純で根本的で原始的な精神的経験に焦点を当てている限り、その議論はどうということもなく受容できるかもしれない。しかし、感覚を超えて、動物におけるより高次の精神的過程の話しを始めると、人は逸話的擬人化的な証拠を受け入れることができない。普通の常識とその言説は、あまりにも動物の知性を、計画し理論立て、感情的複雑さを持つということを誇張しすぎる傾向があり、動物を毛むくじゃらの生きた人と見ることによって、正当とは認めがたい結論に飛躍する。実際それはまさしくロマンティックで際限のない擬人化であり、部分的にはそれが動物の思考に対抗する行動主義的実証主義的反応を導いた19世紀の逸話的豊かさを誇張している。

このような反対に、どのように答えるべきだろうか？　まず、人が痛みを感じ適切に反応する能力は、感覚を超えた精神的洗練を前提すると議論することができる（F. J. J. ブイテンディクが『痛み：その様態と機能（*Pain: Its Modes and Functions*）』でしたように）。痛みそれ自体は、代わりの戦略の中から反応を選ぶこと、たとえば闘争か逃走、隠れること、はぐらかすことなどと一緒になっていないなら、たいした価値を持ってはいない。したがって、進化論的な痛みの有用性は、不快な刺激に対して、それを軽減しようという動機だけでなく、それをうまく扱おうという戦略をもって反応する生物体の能力において構成される。実際、痛みの生理学者ラルフ・キッチェルとミッチェル・ガイナンを、動物は痛みによって人間よりもっと苦しむかもしれないという推測に導いたの

は、この洞察だった。というのは、動物は人が持っているような、痛みの元を理解し、それを除去あるいは緩和するための戦略を形成する認知能力を欠いているからだ。キッチェルとガイナンは、痛みの動機的次元すなわち痛むことと、相関的にそれから逃れようとする推進力は人におけるよりも動物において、より根本的であり、したがって痛みの経験はバランスからいって人のものよりも悪いはずだと提案した（Kitchell and Guinan, 1990）。この点については私が他のところで指摘したように、言語能力と概念によって提供される「今」「ここ」を超越する道具を欠いているので、動物は相関的に、痛みの予想や他の嫌な経験から私たちに引き起こされる苦しみを欠くと、しばしば論じられてきた。しかしながら、もしこれが正しければ、彼らは痛みの終わりの予想をも欠いているため、「希望」もないということになるのだ。ひどいやり方で、彼らは痛む。動物にとってトンネルの終わりにある光は存在しない。

　そうであれば、私たちが痛みを同定するために逸話的擬人化的情報を使うための理論と戦略を主張することで、高次の（あるいは他の）精神作用を理解するのと原理的には違いのない同じアプローチから、私は反応すべきだ。適切な区別は「痛み（あるいは感覚）」対「思考（あるいは高次の精神過程）」ではない──それはむしろ、「良い擬人化」対「悪い擬人化」、「意味ある逸話」対「無意味な逸話」なのだ。

　再度繰り返すが、私たちの分析にとって重要な概念は妥当性で、私たちが日常生活において、あるいは陪審員として仕えるときに、思考・計画・感情・動機を他の人に帰属させるときに使う尺度と同様のものなのだ。想起してみよう、私たちは他の人々の精神状態を経験しはしないし、言語は隠したり騙したりすることにも使われうる。そうであるならば、どのようにして私たちは他者の精神状態を判断しているのだろう？　私たちが使っているのは、証拠を測ることと、私が「擬私化（methropomorphism）」と呼んでいること──つまり他者の精神に、私たち自身の精神生活から外挿することの、コンビネーションなのだ。言い換えれば、たとえば普通に嫉妬する証拠のある私の友人が、突然深く愛し

ている自分の妻が他の男と不倫しているのを目撃して、自分は彼女に何も悪い感情を持っていないと、私に言ったとしたら、私はそれを疑う。私は原理的には、彼が嫉妬を感じないことを納得させられるはずだが、それには非常に集中的な観察を必要とするだろう。そして、私の妥当性ある解釈をしのぐ彼との交流を必要とする。他方、彼が私に、自分は嫉妬していて怒っている、と告げたなら、あるいはそのように振る舞ったなら、その反応動機は、私が自分自身と他者について知っていることだから、それは確かに彼がするはずのことだと思える。私たちは、それを言い表すことを強く求めるかもしれないとしても、みな他者の逸話の妥当性を判断し行動を説明する基準を持っているのだ。男性の教授が明らかに女子学生に恋をした。その証拠として、彼は週2回女子学生に偶然会って、「やあ」と言った——とその女子学生が言った。それは深刻に受け止めるようなことではないのかもしれない。他方私は、人がどのようにしてこのような出来事の意味を捉えるのかを理解できる。そしてその学生の結論は実際に正しいのかもしれない。が、この逸話における証拠では、私は彼女のようには考えないことに決めるだろう。実際、人間の行動の知識の大多数は科学的実験からくるのではなく、人生経験の評価からくるのだが、それは「逸話的」だとして科学の常識によって捨てられてしまうのだ。

　私の主張はダーウィンの秘書ジョージ・ロマネスのように、原則として逸話は単に動物の行動についての知識の源として蓋然性あるものだということだ。人の行動についてと同様、それは常識によって、つまり背景の知識によって、そして証拠の標準的基準によって、試験される。だから子供が「誰かが道で欲しがる人には誰にでもお金をあげている」と言うとき、私たちは、それは誤解か詐欺ではないかと疑う。なぜなら、たいてい人はそんなことはしないものだからだ。同様に、誰かが自分の犬が落ち着かないのを、その犬が自分の誕生日を知っている証拠だと解釈するとき、私たちにはその犬が誕生日という概念を持っている、あるいは持ちうると信じる理由がないので、その解釈を捨てられる。他方、

もし逸話を話す人が、主人が一日中料理したり掃除したりして、客がくるのではないかとしばしば窓の外を見ていることで犬の興奮を説明するなら、それは犬の能力について私たちが知っていることと合致する。

　もっと難しいケースもある。私が自分たちの文化ととても異なる文化圏から来た人々を扱う場合と原則的に問題は違わないのだが、擬人的逸話が、私たちが犬ほど親しんでいない動物種に関するときだ。異文化から来た人が食後に大声で文句を言うと、実際にはこのような行動が礼儀正しい賛辞だったとしても彼らの文化への無知から、私たちは彼らが無作法な奴らだというレッテルを貼るだろう。私たちはなじみのない動物を見るとき同じ間違いをする。子供か都会の大人が馬の交尾の様子を見ると、闘っていると報告する。つまり、一度人が原理的に擬人化の可能性を認めるなら、動物の精神についての逸話的情報のうち妥当性ある逸話と妥当性なき逸話を区別するために先へ進まねばならない。私たちが正しく懐疑したとしても、後者［妥当性なき逸話］はそれでもなお、真であるとわかることがあるし、同様に、妥当性ある擬人的帰属と妥当性なき擬人的帰属というものがある。多くの人々がとんでもない逸話を語り、逸話をとてもファンシーに、ありそうもない方法で解釈するという事実、そしてそういうナンセンスなものを出版さえするという事実は、これ以上私たちを、妥当性ある逸話がたくさんあることに対して盲目にすべきではない。悪意に満ちた人の行動に関する解釈についてのとんでもない話の存在が、私たちに人間の行動についての説明すべてを疑わせることと比較してみるなら、合理的な解釈は、問題の動物について顕著な経験を持つ人々から来るべきなのだ。

　ロマネスが『動物の知性』の古典的導入に書いた原則の多くによって、逸話とその解釈は明白に判断されるだろう。逸話は、その種類の動物について私たちが持っている他の知識と一致するだろうか？　他の利害関係のない観察者によって、別のとき、別の場所でなされた同様の観察とは一致するだろうか？　その逸話の解釈は問題的な理論概念に依存しているだろうか（犬の「誕生日」の理解と評価することを参照）？　その

データは、その解釈をどのくらい認めるだろうか？　データが逸話に関わる人がその話しや解釈に利害関係を持っている場合には（寄附を募る手紙の中にあるペニー・パターソンの馴れたゴリラ、ココのストーリーが懐疑主義を掻き立てることを参照）？　逸話を語る人について私たちは何を知っているのだろう——コンラート・ローレンツやミュンヒハウゼン男爵については？　人は——そして私たちは——人に関しても動物に関しても、逸話的データを判断するための蓋然性あるルールを設定することができる。選択可能性は、人々と動物の行動についての社会的知識のほとんどを私たちに与えてくれる常識的経験についての完全にニヒリスティックな懐疑主義を作り出しうる。

　あまり注目されないが、ひとつのすばらしい点は、逸話は、科学的実験とその解釈に比べて論理的に全然悪くないということだ。科学的出版物における性急で虚偽・詐欺・不正直なデータの報告から私たちが知っているように、科学者は他の人と同じような人だ。科学の「出版しなければ滅びる」システムの中で、科学者は論文を書くか、さもなければ上手に仕事をあきらめなければならないというプレッシャーを感じている。そうだとすれば研究者は、結果の獲得に強い利害関係を持っており、そのことは彼らの出す結果について、私たちの自然な疑いを掻き立てる。科学的報告が原則として再現可能なのは本当だが、その結果がその領域のデータと一致している限り、そのような再現のための予算はほとんどない。もちろん逸話も、実験か観察によって、原理的に再現可能だが、最終的分析において、「実験のどんな報告も定義上逸話であって、確立した仮説ではない」。以下の問いは誰でもこれらの問題に利害関係を持つ者によって熟考されるべきだ。利害関係のない非専門家の観察者の説明を信用すること、あるいは生き残るために結果を得なければならない科学者の説明を信用することは、どちらがより筋の通らないことだろうか？　科学者が訓練ゆえに背負う理論的バイアスの重層性は、科学的に訓練されてはいないが教養ある観察者の持つ理論的バイアスよりも（それが多かろうと少なかろうと）彼らの観察にとって同様に有害なのだろ

114

うか？

　動物行動学の非専門家や学生にとって、とても興味深い逸話をもって、充分適切に結論づけることにしよう。そのストーリーは実際、デンバー・テレビによって、描かれた出来事の動画とともに詳細に報告された。そのストーリーの中では、デンバー動物園の1匹のアフリカ象が落ち込んで、起き上がるのを拒絶していたが、その状態は、解消しなければ致死的なことで知られている。その象を立ち上がらせるためのすべての努力は——クレーンまで雇ったのだが——失敗した。偶然アジア象の群れが、苦しんでいる象のところを通りかかった。そのアジア象たちは、列を乱して倒れている象に近づき、彼が立つまで押したり突いたりした。彼らは、その象が自分で立つまで、支えたのだった。

　これまでのところ私たちは、理論的変更を押しつけず、何の解釈も提供しない物語を持っているのだ。この物語は、象の行動の研究に関わるデータとして、確実に有効だ。テレビ局がドラマティックなストーリーに利害関係を持つとはいえ、それは出来事を録画したものだし、その内容は他の観察者によって支持され、出来事が虚偽だということはありそうもない。データの常識的解釈は、テレビ局によって提供され、平均的な観察者はその象たちが利他的に他の象を種の違いにもかかわらず「助けた」のだと思った。このような解釈が、「助ける」というのは、曖昧で推論的なので、単なる出来事の報告よりも問題的だ。確かにこの出来事は他の解釈にも開いている。しかしながら、このストーリーを、他の象を助けるように見えた多くの象のストーリーと並べてみるとき、私たちは象の問題解決能力と社会的性質についての集中的なデータを持っており、その解釈は妥当性の中で獲得されるといえる。

　ただそのデータが実験室で得られた（動物にとってはとにかくひどく不自然な状態だが）ものではないというだけで、あるいは「資格ある科学者」によって観察されたものではない、というだけで動物の行動についてのデータを先験的に排除することは、科学のあるべき精神に反する。常識が、しばしば問題的なカテゴリーと解釈を伴う「理論に基づく」こ

とは確かだが、しかしそれは科学も同じだ。少なくとも、どのようにして知的で教育のある科学者が20世紀のほとんどすべての期間に行動主義を信用したのかは、どのようにして今日普通の人々が占星術を信用するのかと同じくらい理解するのが難しい。20世紀の哲学者ポール・ファイヤアーベントが提案するように、科学はそのデータの受容において民主主義的であるべきだが、それが進んでいく理論や説明においてはより厳格であるべきなのだ。

　動物への精神作用の帰属は、動物の行動を説明し予測するために非常に蓋然性のある理論的構造を提供する。擬人化は、もしそれが証拠の合理的基準によって試験されるなら、動物の行動を評価するために、別の妥当性がある——そして実際不可避な——理論的アプローチだ。そして最後に、動物を観察する科学者よりも動物を観察する圧倒的多数の普通の人々が常にいるので、逸話を抑圧し批判的に評価することは潜在的に価値のある情報源と動物の行動の解釈の源を失うことになる。実際、ますます増加する動物の扱いについての社会的倫理的懸念は、本質的に、何が動物にとって重要なのかという情報を、社会政策を形成する生の素材として提供する。というのは、科学の常識は動物の行動を描写するために使う言葉を骨抜きにしてきたからだが、たとえば動物が痛みを表現する際の道徳的な含意を持つ言い回しを控えて、「発声する」といった「中立的な」言い回しを好んできたのだが、このギャップは、動物の経験についての道徳的に適切な言い回しを伴う普通の常識の言語によって埋められなければならない。

　要約すると、私たちは今、普通の常識に、私たちの社会的コンセンサスの倫理・テロスという方法にしたがって、現れつつある動物倫理を適合させることを主張しているのだ。私たちはまた、テロスを判断すること、そして動物にとって何が重要なのかということを見てきたが、それは普通の常識にとって問題的ではないし、科学的イデオロギーから現れる懐疑主義に対して強い議論をしかけることができるものだ。

動物のテロスと動物福祉

　長くまがりくねった議論が、ほとんどの普通の人々は、動物は私たち
が知りうる生物学的心理学的性質を持っているということから始めると
いうことに、私たちを導いてきた。だが私たちが議論において発展させ
てきた、動物倫理のための基礎とみなしうるものとして現れてきたテロ
スが、知りうるものだということについての、イデオロギーに基礎を持
つ懐疑主義を黙らせるためにこそ、この議論が重要なのだ。このような
懐疑主義は普通の経験の世界を本当の世界として信用しない科学的イデ
オロギーあるいは科学の常識から不可避的に現れる。しかしアリストテ
レス主義の世界観と常識の世界観は、私たちが現実として経験している
世界を見る。だが一方で、私たちが見たように、デカルトは道を逸れて、
現実についての別の道を準備する普通の常識を信用しなくなったが、普
通の常識やアリストテレスは私たちが経験することについての体系的な
疑いには恥らなかった。両者にとって、私たちが経験することの有効性
は規定事項だ──私たちは幻覚、錯覚、幻、詐欺を経験するかもしれな
い。「しかしそれらを見抜き正すことができるという性質が私たちのう
ちに内蔵されている」。したがって、アリストテレスも普通の常識も、「知
識の問題」から始める。そこでは、人は世界を知ることができるという
ことを方法論的に説明することが必要だ。それは自明だ。アリストテレ
スの『形而上学』の1行目を考えてみてほしい。「すべての人はその本
質によって知ることを欲する」。そこには暗示的に、私たちが知り「える」

117

という前提があるのだ。

アリストテレスにとって、世界の知識は、批判的に評価される注意深い観察から派生する。たとえば、私が豚にとって自然な母親の行動を知りたいとしたら、自然な状態にあるこの種の行動の膨大な例を観察する。このような知識を作り出すために必要な観察の数に決まりなどない。私は、私の精神が普遍的な暗示を把握する前に、10例の行動観察を必要とするかもしれない。あなたは、6つの適切な観察の後に真理を理解するかもしれない。

アリストテレスが「積極的知性」と呼んだもの、あるいは抽象化能力という鋭敏さにおいて、相違が見られるのだ。しかしあなたと私は両者とも、ついには豚の母親の行動について普遍的な真理を理解するだろう。私があまりに性急に一般化したとしても、さらなる観察によって正される。世界についての真理を把握することは、間違ってストークリー・カーマイケルを引用する。「アップルパイくらい自然だ」と。知ることは問題ではない。それは人類にとって、生物学的に決定された事実だ。デカルト主義以降の科学とは違って、近代科学が、数学的均一化において表現されえるものへと現象を還元しようと試みたような方法で、何かを何か別のものに還元することはない。私たちは、アリストテレスが「熟考された事実」と呼んだ普遍的法則の例を見るとき、何か（ひとつの事実）を知っているのだ。

したがって私のテーゼは、動物は彼らのテロイにしたがった必要と願望を持っているということだ。そのテロイが阻まれ、妨げられ、あるいは単に満たされないとき、貧しい福祉の経験たる否定的感情が出てくる。科学的文章は歴史的にこれらの感情を現実とは認めなかった。何年もの間それは、精神状態を援用しないことで科学的に堅固であり続けようという努力において、ストレス状況下でのコルチゾールの分泌について「ストレス反応」と呼ぶかわりに生理学的用語で話されてきた。これは、ストレスへの物理学的アプローチの最盛期たる1971年までに、100以上の論文が、「純粋に心理学的な刺激が生理学的ストレス反応に強い影響

を与える」ということを示しているとジョン・メイソンが指摘した事実にもかかわらず、支配的なアプローチだった。ストレスへの純粋に生理学的なアプローチの一貫性をさらに破壊するのは、1970年代初頭に現れたメイソンとジェイ・ワイスの諸論文だ。メイソンは、精神状態を自明のこととして仮定することは、動物実験の結果を説明するために必要だということを示した（Mason, 1971）。彼は、物理的ストレッサーにさらされる動物を、異なる状態におく実験を行ったのだが、物理的ストレッサーは同じでも、感情的・心理学的・認知論的な動物の状態あるいはストレッサーへの動物の反応は違っており、これらの状態は急進的に異なったストレスの生理学的サイン——つまり急進的に異なるレベルの尿中ステロイド17−OHCSの分泌——を導いたのだ。これは、動物が不快な刺激に、ほとんど機械的にも規則的にも反応しないことを示しているが、動物にとって刺激を不快でストレスフルなものにするものは、動物の意識的な「読み」なのだ。それは自分に何が起こっているのかについての認知的状況、その感情的態度、「動物に精神作用を帰属させることを要求するすべてについての理解」なのだ。

　ジェイ・ワイスの論文は、侵襲的なストレッサーが動物に影響する程度は、物理学的にそして心理学的に、動物の感情的・認知的精神状態と強い連関を持っていることを示した（Weiss, 1972）。聞き取れる音によって電気ショックを予測できるラットは事実上胃潰瘍を発症しないことをワイスは示したが、他方、同じ電気ショックを受けたが、音をショックとは関係なく聞かされたラットには大きな潰瘍ができた。同様に、ショックをコントロールできるラットは、不快な刺激をうまく処理し、非常に小さな潰瘍しかできなかった。これらの実験は、動物への精神作用の帰属を説明する力を示している。実際これらは、このような前提なしには説明されえなかったのだ。これはアメリカで行われた、学習性無力感（learned helplessness）についての野蛮な実験と一致している。その実験は、逃れられないショックを受ける動物は、不可避的に病理学的な引きこもりや無為な状態になることを示している。この実験は、研究者

によって、それが人間の鬱のモデルの基礎になりうるということで——動物に精神状態を帰属させる理論的適切さの別の雄弁な証拠——道徳的に正当化されている（この正当化は、もちろん、もしこれらの状態が適切に人の不快な状態に類似しているとしたら、人には決してそんなことをしないのに、どんな権利があって動物を苦しめるのかを問わねばならないという明白な事実を無視している）。

したがって、動物が留められる状況と、積極的・消極的状態を区別するため彼らに強制される処置は、翻って、これらの状況と処置が動物の福祉について与える影響を決定する。このような主張は、20世紀のほとんどの期間、科学者にとっての呪いだった。メイソンとワイスの研究は、この主張を支持することを私たちは見てきた。それでは、なぜこのような研究が意識のイデオロギー的否定をひっくり返せなかったのかという問いが生じる。その答えは、メイソン自身が一般的に指摘している。心理学と精神医学（メイソンが従事していた）の領域でなされた研究は、標準的なストレス研究の中心——生理学研究室と動物科学学科からはまったく見えなかったのだ。高度に適切で重要な他の研究領域の不可視性は、一般的には気づかれず、科学の進歩を妨げる。

私たちの分析を、動物福祉の単純なケースに適用してみよう。最も大きな現在の動物福祉の論争のひとつは、妊娠した豚を幅2フィート・高さ3フィート・長さ7フィートの小さな籠（ストール）に住まわせることについてだ。今日、アメリカの圧倒的多数の雌豚（優に90％以上）は、妊娠期間あるいは監禁期間（3か月間・3週間・3日間）をこれらの狭苦しい状況で過ごさねばならない。過去10年以上、米国人道協会（The Humane Society of the United States）つまりこの国で最も豊かで最も力ある動物福祉団体は、産卵鶏の集中飼育装置やヴィール子牛の孤立したクレートと同様、これらのストールを取り除くことを試みて、12の州で一連の投票を行ってきた。その投票は、充分な差をつけて、すべての州で可決された（最近私は、世界最大のポーク生産者——複数の国で800万頭の豚を飼養している——スミスフィールド社に、社会的倫理的

120

理由から妊娠ストールを取り除くことを、説得することができた)。

　私は、初めて雌豚を閉じ込めている小屋に行ったときのことを決して忘れない。動物はそれぞれ孤立して住んでおり、向きを変えることも、まっすぐ立ち上がることもできず、大きな豚のケースでは、体を充分伸ばして横になることすらできない状態だった。その動物はやむにやまれず、彼らの檻の横木を噛んで涎を垂らしており、その目は荒れ狂っていた。数年後カナダのオンタリオで、さらに劇的なシーンを私は目撃した。ひとりの豚農家が、経済的成功を享受できる妊娠ストールの小屋を持っていた。彼はこれらの動物を完全にまた深刻に監禁しておくことに罪責感を感じるにつれて妊娠ストールについて徐々に幻滅し、グループ・ハウジングの小屋を作らねばならないと感じるに至った。新しい小屋は古い小屋から10歩ほど離れていた。私が古い小屋に入ったとき、雌豚は私から逃れようとして、できるだけ檻の後ろの方に行き、目を回しながら立ったまま、横木を噛んで自分たちがたてた音への恐怖を表していた。それから私は道を横切って、新しい小屋へ行った。それは檻なしで建てられていて、いくつもの部屋に分けないひとつの大きな空間だった。私は囲いのフェンスに上り、彼らをなでようとしたとき雌豚が私の方に歩いてくるのを楽しくながめた。そのとき彼らはみな明らかに幸せなノイズを出していた。その農家の人は、すごく恥ずかしそうな顔をしながら私に近づいてきた。私はその農場に行く前に講義してきたところだったので、ネクタイとジャケットを身につけていた。彼は「先生、そのネクタイは大事なものですか？」と言った。私は「いいネクタイだよ」と答えた。「なぜ聞くんです？」彼は私の胸の上の方を指さした。私のネクタイのふたつの部分に、2匹の雌豚が上ってきて、嬉しそうに噛んでいた。ネクタイは完全に雌豚の唾液でベチャベチャになった。動物が怖がらず正常に振る舞うのを見てとても嬉しかったので、私は彼らにネクタイを噛ませ続けた！　この農家も同じ地域の他の農家も、この動物への道徳的義務の感覚から、豚小屋をグループ・ハウジングに変えた。両者ともすばらしい家畜農家の精神を持ち、ハズバンドリーの技術を持って

いて、監禁を伴っていたときと同じくらいグループ・ハウジングでお金を稼ぐことができていた。

　他の機会に私はナイマン牧場の施設を訪れた。そこでは動物がまったく監禁されておらず、電気の通った針金によって子豚が道路に出ないようにしているだけだった。雌豚の1匹は最近大きなフープ型の小屋の中にある藁の巣で子豚を生んだばかりだったが、人の訪問者のグループに近づいてきた。監禁されている雌豚は、子豚に近づく人に脅かされ、攻撃することさえある。このケースでは、雌豚は私たちと一緒に子豚を見、その間ずっと楽しそうなノイズを立てていた（豚はコミュニケーションに使う音のレパートリーをたくさん持っている）。するとその農家の人は私たちに、母豚は子豚たちを誇りに思って自慢しているのだと言った。適切に感心して見せた後、私たちは帰ろうとした。その農家の人の前にその雌豚が立って、彼らのうち二人が自動給水機に近づくまで合図し、そこに彼女は静かに立っていた。農家の人は給水機を確認し、それが詰まっているのを発見した。その雌豚は彼が給水機を管理しているのを知っていて、そのことを伝えたのは疑いようがなかった。

　豚の知性は、豚と働く人々の間では伝説的だ。コロラド州立大学には実験室のためにユカタン豚（メキシコのユカタン半島で人の家にかつては住んでいた小さくて素直な豚）を育てる技官がいる。彼らの知性に感心して、彼女は1匹を犬のしつけ教室に入れたのだが、そこで彼はすべての賞を取るほどにまでなった。彼女はその豚をジョニー・カーソンの「トゥナイト・ショー」に連れて行き、そこでその動物は大きなセンセーションを引き起こした。それから少しして、彼女は、彼女に金を払っている実験動物会社から、これらの豚を公にすることを禁じられた。それはこれらの豚を愛すべきものにしすぎたということで、彼女をたしなめるためだった。

　いずれにせよ、妊娠ストールとの関連で雌豚のテロスを議論する前に、私たちが人間として関わる動物たちの多くについて、一般的な注意をする価値があるだろう。どんな動物でも、動くための骨・筋肉・腱・靱帯

——すべて運動のためのメカニズム——を持って生まれてくることを理解するために、コンラート・ローレンツを持ち出す必要はない。この概念を議論することは、そうすることが必要なのだという驚きを誘うし、普通の人には奇妙でさえある。

しかしながら事実、近代の産業的農業は、動物たちを経済的理由から深刻な監禁状態にとどめておくことによって発展してきた。したがって、誰でもこれらの現代的な高度監禁システムを変えようとする者は、車輪を新しく発明するようなことを動物行動学的に行わなければならない。歴史的に豚は最初の農場の哺乳類だったが、極度に集中的で高度に監禁的で産業化された住居と管理に従わせられており、このトレンドはますます加速している。90％以上の豚が、今何らかの監禁状態で飼養されている。同時に豚はいつも普遍的に、複雑な行動のレパートリーと同様強い好奇心と学習能力を持つ最も知的な農場動物だと考えられている。豚の行動の複雑さは、これらの動物を厳しい監禁状態で育てる諸問題のうちの主たるものを提起する。このような状況は、監禁されている豚を、産業における「悪徳」として言及される、行動学的変則性の顕著な範囲に導く。私が指摘したように、このような言い回しは誤解させるもので、まったく不正確だ。それは豚が監禁された状態で示す異常な行動について何かしら責められているからだ。動物の行動学的変則性は、彼らの性質あるいはテロスを不満にする状況に適応しようとする試みから出てくるものなのだ。ロナルド・キルガーとクライブ・ダルトンは、彼らの著書『家畜の行動：実践的ガイド（*Livestock Behaviour: A Practical Guide*)』の中で、「豚は簡単に退屈するので、住居と管理は彼らの強い好奇心を満足させるように計画されるべきだ。これは退屈から生じるほとんどの悪徳を防いでくれる」と注意している（Kilgour and Dalton, 1984, 187)。

したがって、豚の産業において、人は福祉の問題の主たるものに出会う。それは、農業の産業化と動物の行動学的・心理学的性質を妨げることに基づく道徳的な結果だ。一般的に言って、家畜の豚の行動は、野生

の豚のそれからかけ離れてはいない。アメリカでは、家畜の豚のグループが野生の豚になって、一度も家畜化されたことのない野生の豚が示すすべての行動のレパートリーを見せるという、多くのケースが知られている。さらに、コントロールされた研究が、監禁されて生まれ育った豚から何世代も経ってから生まれた、同様に監禁されて生まれ育った豚は、広い状況——草地で動物が自由に草を食み、ひどく狭いところに閉じ込められない——に置かれると、「自然な」豚の行動——たとえば彼らは泥の穴に頭から飛び込んで転げまわる——を見せることを示している。このような研究の基礎の上に、また豚の好みについての他の研究の上に、人は豚の行動の全範囲について感覚を持つことができ、監禁において剥奪される最も深刻な領域について理解し始める。

　「自然な」豚の行動と好みの要約あるいはテロスの記述は、監禁的農業での豚の使用における問題的領域同定のためのガイドとして役立ちうる。もっとも、この行動を同定するための徹底的な研究は、エディンバラ大学で1980年代初めにデイヴィッド・ウッド - ガッシュとアレックス・ストルバによって行われた。彼らは家畜の豚を、「豚の公園」に置いたが、それは本質的に広い囲いで、野生の豚が住んでいる状況を模したものだった（Wood-Gush and Stolba, 1981）。その囲いには松の雑木林、ハリエニシダの茂み、水の流れ、転げまわれる沼があった。少ない数の豚、つまり1匹の雄豚、4匹の大人の雌豚、若い雄と雌、13週齢までの幼い豚が3年以上にわたって研究された。研究者たちは、動物の行動パターンだけではなく、豚たちが行動を遂行するために、どのように環境を使うかも観察した。

　豚たちが協力して一連の共同の巣を作ることが見出された（これは、もし集団で飼うなら雌豚は「死ぬまで闘う」だろうという監禁的産業的主張の誤りを直接つきつける）。これらの巣は、動物を強い風から守り、近づいてくるものを見るために広い視野が得られる壁を含む共通の特徴を持っていた。その巣は食べる場所からは遠く離れていた。毎晩巣に帰る前、動物は壁のための、そして巣を再編成するための巣の素材を持ち

帰った。

　朝になると動物たちは排尿と排便の前に、少なくとも7ヤード歩いた。排便は、排出物が茂みの間に流れるように、道で起こる（この自然な傾向の暴力的蹂躙において、妊娠ストールの中の雌豚は、食べたり寝たりする小さいスペースで排尿や排便を行わなければならないのだ）。豚は木に印をつけることを、真似することによって学んだ。その豚は、ある動物たちと複雑な社会的絆を結び、その領域に導入された新しい動物たちは、同化のために長い時間がかかった。あるものは特別な関係を形づくった──たとえば2匹の雌豚が分娩の後数日間一緒に食べたり寝たりした。雌豚は一緒にいると闘うという産業側がする自分に都合のいい主張とは逆だった。実際優位を確立するための小競り合いはあるが、ヒエラルキーは急速に出来上がる。同性のメンバーは一緒にいる傾向があり、互いの冒険的行動に注意を払う。若い雄は年上の雄の行動に注意を払う。雄も雌も若いものは、刺激的な遊びを見せる。秋には豚たちは、半日以上を交尾に使う。

　妊娠した雌豚は、子供を産む数時間前に共同の巣からかなり離れた場所に巣を選ぶ（あるケースではほとんど4マイル離れていた）。その雌豚は巣を作り、ときどき木の壁さえ作る。その豚は、他の豚が割り込んでくるのを数日間許さない。しかし時にはついに、他の豚が子供たちとともにくることを許す。その他の雌豚は、彼女が以前絆を作った雌豚で、巣を共有した豚だ。ただし乳を飲ませることの交換はしない。子豚たちは5日齢には環境を探検し始め、12週齢と15週齢の間に離乳した。雌豚たちは乳を出している間に発情し、また子供をもうける。

　ウッド－ガッシュとストルバのコメントのひとつは以下のとおりだ。「一般に、広いシステムで生まれ育った豚の行動は、ヨーロッパの野生豚と似てくる」（Wood-Gush and Stolba, 1981, 197）。言い換えれば、家畜の豚は野生の豚からそれほど隔たってはいないと信じる充分な理由がある。したがって、監禁下での行動の可能性と、豚たちが協力するようになる豊かで開放的な環境でのそれを比較すると、少なくとも監禁シス

テム下での福祉の妥当性を評価できるように思われる。もし監禁的環境が動物に行動学的障害を生じさせるなら、それはこれらの環境に問題があると信じるさらなる理由を代表している。この研究結果を使えば、豚のテロスに、物理的かつ行動的なすべての側面で対抗している現在のシステムを測るためのよい立場が得られる。

　豚のストールを弁護する人々はひとりのエキスパートの代りに「豚に詳しく」ない人々に、家畜農家精神の欠如を埋めさせるシステムとして施設を稼働させるのを許しているのだと論じる。他方、生存に適した監禁システムと完全な失敗との間に、管理が違いを作り出す。

　疑いなく、このようなシステムは多くのポークを安い値段で提供している。そして、監禁管理者は、確かに動物側にも利益があると論じる。この国の一部では、気温が極端だ——たとえばコロラドと中西部では、温度の範囲が年間華氏20度から100度まであって、雨・雪・風が生活を惨めにする可能性がある——環境的にコントロールされた住居は、動物のいやしの空間のために設置された恩恵たりえる、と。加えて、集団の住居とは違って個別の住居は、雌豚の闘いや噛むことや食料のための怪我や競争を減らすという。

　それにもかかわらず、とくに広い状況下で豚がするようになる行動について私たちが知っていることに直面するなら、動物のためのコストはテロスの立場から重要だ。農業面に経験を欠いた観察者にとって、最も明白なのは運動不足だ。先に触れたように、すべての動物がそれらを使う機会のために骨と筋肉をもって進化してきたことに気づくために、動物行動学者になる必要はない。豚の行動について先に見たウッド-ガッシュとストルバの研究のように、広大な状況にある豚は多くの時間を動いて過ごすのだ。もしあるシステムが、このように動き回る空間を動物に許さないなら、物理的にも認知的にも、それがとても根本的な必要と傾向を妨害していると見ること、したがって悪い福祉に導くと見るのが合理的だ。動き回るのが好きで、動くように作られている動物たちは、もしそうできなければ確かに悪い影響を受ける。豚は1万年前から家畜

化されてきたことを思い出してみよう。99％以上の時間が牧畜の状況で費やされ、この動物はストールなしでうまくやってきたのだ。

　動けないことと密接に結びつくのが単調という要素、刺激のなさ、あるいは行動学者キルガーとダルトンが正しく表現したように、退屈なのだ（Kilgour and Dalton, 1984）。雌豚の知性の複雑さとその自然な行動、妊娠ストール内での可能性のなさ、閉じ込められた雌豚に生じるステレオタイプからすれば、動物は退屈しないと想う分別は否定される。そして私は、科学的イデオロギーが擬人化として避けてきた「退屈」というような語の使用について難癖をつけたりしない。第一に、行動学者フランソワーズ・ウェメルスフェルダーは長い文章で詳細に、「退屈」のような語を厳密に動物に適用する科学的意味を提供できると述べている（Wemelsfelder, 1985）。第二に、最も重要なことだが、豚は退屈することができるし、それにしたがってシステムを評価することができるだろうことを社会的倫理は決して疑わないと常識は教える。農場動物の行動学者ジョセフ・ストーキーによれば、

　　雌豚のストールのような問題は、人々が受容可能だと思うシステムへの移動によって解決されるよう運命づけられている。明らかに人々は、動物の運動の自由の制限を懸念しているし、このようなシステム（豚がストールに縛られる）が廃棄される方がよいと思うだろう。これは、豚の見方からの「福祉」については何も考慮しない反応だ（彼らがその懸念の本質を論じているとはいえ）──彼ら自身の見方から、単にストールが不快であることを見出し、それらが廃棄されるのを見たいというだけなのだ。このようなシステムが残虐でないということを人々に納得させた科学的証拠はまったくない（Stooky, Personal Conversation to Rick Klassen and Laurie Conner, 1983 年 2 月 16 日）。

　私はこれが正しいことを、個人的経験から知っている。2007 年に私は、

ポーク生産者のスミスフィールド社の重役のトップ2人と8時間会った。私は、動物のテロイについての私の議論を彼らのために要約し、ひとつか複数の、雌豚のためのグループ・ハウジングを考えてほしいと頼んだ。驚いたことに、6か月後私は電話を受けた。彼らは「すべての」北アメリカの施設をグループ・ハウジングに変えるつもりだという。大きな先見の明と消費者へのセンシティヴィティを示して、彼らは制度的調査と顧客のためのフォーカス・グループを作ったのだった。私は彼らに、75％の人は雌豚のストールを受け入れないのですと告げた。彼らはやさしく私を正して言った、実際には78％ですよ、と。彼らは目的を達成するための方法においてうまくやった。スミスフィールドは豚のテロスを尊重するための重要なステップを採ったのだった。不幸なことにアメリカの他のポーク生産会社は理解力が乏しくて、いまだに多くの金を監禁ストールを弁護するために費やしているが、その闘いに勝てないだろうことは明らかだ。ゆうに100以上の小売業者やレストランの会社が、現在妊娠ストールを使う生産者から買うことを拒んでいる。

　アリストテレスは、聖書の著者のように、自然の性質を、本質的に固定して変わらないテロイを信じていた。今私たちは自然淘汰による進化を信じているが、これはテロスの概念に疑念を投げかけるだろうか？私たちは今、生は常に流動し、常に突然変異すると信じている。アリストテレスは、もしそれがありえるなら自然は知りえないものとなるという理由で（これはもちろんプラトンがアリストテレスに影響した証拠だ。アリストテレスの中立的性質は本質的にプラトンの永遠の形質を自然に持ち込んだのだ）断固としてこのような可能性を否定した。私たちにとって、ひとつの種あるいはひとつのテロスは、自然において常に変わるスナップ写真であり、時間の中で何かを人工的に凍らせるようなものだ。形而上学的視点から、それはテロスについての近代の見方とアリストテレスの見方の間にある大きな相違を代表する。しかし動物の性質を知るという立場において、氷河のような速度での変化は、このような時間がずっと続いて生物体が結合を通って表現型の新しいタイプを作りだすと

きまで、私たちの理解に相違を生み出さない。動物の性質でさえ、感知できないほど小さな変化なので、私たちは歴史のどの瞬間にも、動物のテロイから派生する必要と本質を完全に理解することができる。

　ある種の動物のテロイが、家畜化によって形成され修正されてきたという事実は、私たちの議論に何か影響を与えるだろうか？　私はそうは思わない。テロスは、それが厳密に自然淘汰によって発展したものでも、あるいは選択的繁殖により意識的派生的に発展したものでも、テロスなのだ。すべての農場動物と伴侶動物は、一般に「家畜化された動物」として言及されるが、計画的な繁殖の過程で人間によって形成された彼らのテロイを持っている。牛では比較的おとなしいことの選択、犬では歩き回る程度や地理的範囲の制限という意思、馬科の動物では騎乗と牽引のための扱いやすさ。これらすべては家畜化の主要なステップを代表している。優れた例は、ロバ対シマウマに見出される。ふたつの種は密接に関係があり、また交配可能で子孫を作り出せるとはいえ、彼らのテロイは非常に異なる。私の知識では、シマウマに鞍を載せ騎乗することは事実上不可能だ。同様に犬と狼も違う。ふたつの種は交配可能で子孫を作り出せるが、狼はその生息範囲を制限させないだろうし、予測可能な家のペットにすることはできないだろう。

　一般に、家畜は、「野生の」あるいは家畜化されていない動物たちよりも完全にテロイを知るのが簡単だろう。私たちは家畜が私たちの必要に合うように、部分的には意識的に彼らのテロイを形づくっているからだ。そして、私たちは彼らと一緒に住むので、よりよく理解しやすい。ひとりの牛の獣医師が私に言ったことを思い出す。生涯にわたって牛に関わってきた人（cattleman）として彼は、確かに「牛の精神」を説明する本を書くことができた。彼は動物の精神の現実とそれを知る可能性について標準的な科学的懐疑論で満ちた仲間のグループの信用を失うことを恐れていなかった。しかしこれは、家畜化されていない動物のテロイが、原理的に不可知であるとか、概念的に知ることがより困難だとかいうことではない。彼女のケースではチンパンジーだったが、何年もか

129

けてある種の「野生」動物のテロスを研究するジェーン・グドールのような科学者にとって、動物たちとより親しくなるにしたがって、これらのテロイは徐々に知ることが可能になってくるのだ。両方のケースにおいて要求されるのは、注意深く共感的で、長い時間をかけた慎み深い動物の研究だ。事実の問題として、単に私たちが家畜化された動物たちと生活しているということが、彼らの本質を理解していることを意味するわけではない——尻尾を振ることは、興奮というよりむしろ親しみを示すものだと信じている犬の飼い主に見られるように。

ハズバンドリーの終焉

　本書の前の方で私たちは「古代の契約」を論じたが、それは人間が歴史的に農場動物と築いてきたもので、私たち（生産者）がそして動物がうまくやれている限り、よきハズバンドリーを、よき配慮を、よき福祉を保証するほどのものだった。もし私たちの農業の産業化に直面したハズバンドリーの減衰についての分析が正しければ、それはすべての農場動物が産業的状況下で、彼らの必要、性質、あるいはテロイに何の注意も払われず、福祉の顕著な悪化に苦しむことになったということだ。実際肉牛だけが（そしておそらく羊も）広大な草地の状況（たとえば広大な山間部）で飼養され、近代農業の中でもテロイが尊重されてきた。大規模な牛の生産において動物福祉の侵害がなかったと言っているのではない。去勢・焼き印・除角といったいわゆる管理手法は、すべて非常な痛みを伴うものだが、痛みへの処置もなしに行われてきたので、動物福祉に対しては過小評価されてはならない大きなインパクトがあったし、もちろん痛みの回避は動物のテロスの一部だが、少なくとも大規模な牛の生産は、テロスの体系的な蹂躙には関係していなかったということだ。

　第二次世界大戦後、動物との古代のハズバンドリーの契約は、人の側から破られた。大学において、「動物ハズバンドリー」学科が「動物科学」学科になったことがそれを示しているのだが、大学の学問的な目標が、動物への配慮ではなく、「産業的方法を動物生産に適用することで効率と生産性を向上させること」として、再定義されたということだ。私が

131

「技術的研磨機」と呼ぶもの——ホルモン・ワクチン・抗生剤・空調システム、機械化——とともに、私たちは四角い杭を丸い穴に押し込むことができるようになり、そして動物たちは、生産性のために不適切な方法によって苦しめられる環境に押し込まれた。もし19世紀の重農主義者が10万羽の産卵鶏をひとつの建物にある檻に入れようとしたなら、すべての鶏が1か月以内に病気で死んでしまったことだろうが、今日ではこのようなシステムが一般的なのだ。

　動物農業への、この新しいアプローチは、残虐性・悪い人格の結果ではなく、無感覚の結果ですらない。それはむしろ、完全に立派で自明で妥当な動機から発展した、第二次世界大戦後の劇的で顕著な歴史的社会的大変動の産物なのだ。その時点において、農学者と政府の役人は、様々な理由から人々に安価で充分な食糧を供給することを極度に心配していた。まず農地の荒廃と大恐慌の後、アメリカの多くの人々が農業に失望していた。第二に都市の、また郊外の、農地の浸食が起こるという合理的な予想がなされ、結果として食料生産のための土地が減少した。第三に、多くの農場の人々が戦時中外国か国内の都市の中心に送られたことで、刺激を欠く田舎に帰りたくないと考えるようになった。第一次世界大戦の後の曲「どうやって彼らを農場に放り込めるんだ（パリを見た後で）？」を想起してほしい。第四に、大恐慌の間文字通りの飢餓の亡霊を経験して、アメリカの消費者は歴史上初めて食料供給が不充分になることを恐れるようになったのだった。第五に、大きな人口増がこの懸念を掻き立てた。

　上述のような、土地の喪失と農業労働者の減少は共に、第二次世界大戦中とその後の期間に、農業への適切な技術的使用の種類を急速に発展させ、技術的に経済的尺度に基礎を置く信念が急に成長したのだった。動物農業が産業化に従属させられることは、おそらく不可避だった。これは伝統的農業からは大きな離脱であり、農業の核心的価値における根本的変化だった——産業的な効率性と生産性の価値がそれにとって代わり、「生のあり方」とハズバンドリーについての伝統的価値を侵食した。

ハズバンドリーの終焉

　第二次世界大戦と 1970 年代半ばの間、農業生産性——動物生産を含む——は、劇的に向上した。1820 年から 1920 年の間の 100 年間に農業生産性は 2 倍になった。その後生産性はだんだん短い期間で 2 倍になることを繰り返した。次に 2 倍になるのには 30 年かかった（1920 年から 1950 年）。その次は 15 年だった（1950 年から 1965 年）。そして次は 10 年しかかからなかった（1965 年から 1975 年）。R. E. テイラーが指摘するように、最も劇的な変化は、第二次世界大戦後に起こったもので、30 年で生産性が 5 倍以上になった（Taylor, 1984）。より少ない労働者がより多くの食料を生産した。第二次世界大戦直前には、アメリカの人口の 24％が農業生産に従事していた。今日それは 2％以下だ。1940 年には 1 人の農場労働者が一般の人 11 人に食料を供給していたが、1990 年までに、1 人の農場労働者は 80 人分を供給するようになった。同時に、人々が食料に使う金額の、収入における比率が顕著に下がった。1950 年には 30％だったのだが、1990 年には 11.8％だった。今日それは 7％だ。

　したがって、動物農業を含む産業的農業が生産性を大きく向上させたことは疑いない。同時に、伝統的農業に伴っていたハズバンドリーが、産業化の結果として顕著に変化したことも明白だ。私の同僚のひとりの子牛の専門家が、彼の学科に起こった最悪の出来事は名称の変化に表れていると言った。動物ハズバンドリー学科が動物科学学科になったのだ。ハズバンドリーに携わる人は、決してセメントの粉、羊の餌、あるいは鳥の廃棄物を牛に食べさせようなどと夢想しなかっただろうが、このような「革新」が、産業的・効率というマインドセットによって引き起こされたのだ。

　私たちの目的のために、技術的農業のいくつかの点に留意しなければならない。まず、言及したばかりだが、労働者数は顕著に減少しているのに、動物数は増加していること。これは、機械化、技術的進歩そして当然多数の動物を高度に利用できる施設に閉じ込める能力のゆえに起きたことなのだ。必然的に、個別の動物に払われてきた注意は減少している。第二に技術革新が、私たちに動物を置く環境を変えることを許した

ということ。伝統的農業において動物は彼らがそれに適応するために進化した環境に置かれなければならなかったのだが、私たちは今彼らを、その性質に反してはいるが、完全に生産性を上げるための環境においている。集中産卵鶏飼育システムの中に産卵鶏は詰め込まれ、翼を広げることさえできないし、妊娠ストールが妊娠した雌豚を拘束していることがこの点についての例を提供している。それによって生じる摩擦は、技術によってコントロールされる。たとえば鳥を詰め込むことは、病気によって群れが死んでしまうため、かつては不可能だった。今は抗生剤とワクチンが生産者にこの自滅的な成り行きを許している。

　さきほど述べたように、広大な牧草地に基礎を置く牛肉産業だけが動物ハズバンドリーの伝統的倫理を保持してきた。数年前、2か月以上にわたって私は6人の牧場主の友人たちに話をした。その友人たちすべてが、下痢の問題、子牛における深刻な下痢症を経験していた。ひとりはこの病気を治療するために、子牛の価格によって経済的に正当化される以上の費用をかけていた。私が、なぜ彼らは経済学者が「経済的に不合理」と呼ぶ状態に入るのかと尋ねたとき、彼らはとても毅然としていた「私の動物との契約の一部です。彼らを世話することの一部なのです」とひとりが言った。もちろん同じ倫理的見解が、牧場主の妻たちを生死の境にいる子牛とともに、時には何日も続けて、一晩中寝ずに起きていることを求めるのだ。この問題が厳密に経済的な問題なら、これらの人々は自分たちの時間を——睡眠時間を削った分を含めて、ほとんど1時間あたり50セントにしているのだ。

　コロラド州立大学の動物科学学科にいる私の同僚のひとりが私に話してくれたことを考えてみてほしい。この人は、自分自身と兄弟たちを養えなかったため（注目すべきことだが、フロント・レンジ——つまりロッキー山脈の東側斜面——のコロラド・ワイオミング・モンタナの牧場の年収は、3万5000ドルなのだ）牧場で育ったけれど、大学卒業後牧場には戻れなかった、自分の義理の息子について話してくれた。彼はいやいや豚の肥育小屋の管理者の仕事に就いた。つまり、工場のような農

場で、若い豚が市場に出られる重さになるまで養われるところだ。

　ある日彼は子豚たちが病気にかかったことを上司に報告した。「悪い
ニュースと良いニュースがあります」と彼は言った。「悪いニュースは、
子豚が病気になったことです。良いニュースは子豚を経済的に治療でき
ることです」。上司は「いいや」と言った。「私たちは治療などしない！
私たちは安楽殺するのだ！」赤ちゃん豚の頭をコンクリート房の側面に
打ち付けながら彼は説明しつづけ、まだ動いている赤ちゃん豚をゴミの
山に投げ捨てた。私の同僚の義理の息子はこれを受け入れることができ
なかった。自分の金で薬を買って、休日に動物を治療した。子豚たちは
回復し、彼はそれを上司に告げた。上司は「お前はクビだ！」と返答し
た。青年は、彼が自分の金と時間を使って動物を治療したのでクビにな
ったわけではないが、懲戒を受けたという。6か月後、彼はその仕事を
やめて電気工になった。彼は義理の父に手紙を書いた。「あなたが、私
が農業をやめてしまったので失望しているのを知っています。お父さん。
でもあれは農業ではないのです！」

　倫理的観点からは、動物福祉は農業の産業化に伴う主たる犠牲だ。新
しい産業的農業からくる動物への害の最も明白な側面は、動物のテロス
から現れる必要と利益を満たすことに失敗した専売特許のやり方だ。効
率のために監禁される動物たちは、飼い葉から遠ざけられ、多くの研究
が安価な栄養源を発見しようとして異常なものを動物に食べさせること
を指導してきた。鳥、牛の糞、セメントの粉などを食べさせたのだ。一
番ひどいのは、草食動物に肉骨粉を与えてBSEすなわち「狂牛病」を
作り出したことだ。動物は今、生産性のために、彼らの自然な必要から
は程遠い状況にある。

　ハズバンドリー動物農業が四角い杭を四角い穴に、丸い杭を丸い穴に
入れて、できるだけ摩擦を起こさないようにするのを強調する一方で、
産業的動物農業は、抗生剤・ホルモン・ワクチン・過剰な遺伝的選抜・
空調システム・人工冷却システム・人工受精のような技術的研磨機を用
いることによって、四角い杭を丸い穴に押し込んでいる、つまり彼らが

生産的であり続ける間、動物たちを不自然な状況に押し込んでいるのだ。

　たとえば産業化を最初に経験した鶏卵産業について考えてみよう。伝統的に鶏は、農場の庭を自由に走りまわっていて、牧草畑に隠れたりして自由に動くという自然な行動を表現しながら生きていた、つまり巣を作り、砂浴びをし、攻撃的な動物から逃げ、巣から離れて排泄し、全体的に鶏としての彼らのテロスを充足していたのだ。他方、鶏卵産業の産業化は鶏を小さな籠に入れることを意味しており、あるシステムでは6羽の鶏を小さなワイヤー製の籠に入れるので、1羽の鶏が他の鶏の上に立たねばならず、どの鶏も遺伝的に正常な行動を表すことができないのだった。彼らは羽根を広げることさえできない。優位性のヒエラルキーあるいはつつき合って作る秩序を確立するためのスペースがないので、彼らは互いをつつき合うため、嘴は神経が緻密なところだから神経丘に痛みを引き起こしてしまうのに「デビーク」が施されなければならない。この動物は今、機械の中の安価な歯車で工場の一部であり、中でも一番安価なために、完全に消耗品となっている。ある系統の豚と鶏は卵や肉の生産のために、高度に遺伝子選抜されるが、それが彼らの病気への抵抗力を弱める。豚は病気の影響を受けやすくなっているので、ある農民たちは、建物に入ってくる空気から細菌を取り除くための抗バクテリア・フィルターを設置している。これは極端な技術的研磨機だ。

　人間、動物、土地が耐えうるバランスの安定的状態は失われた。鶏を環境的にコントロールされた籠に入れることは、多量の資本とエネルギーと、たとえばアンモニアが致死的に蓄積するのを防ぐために換気扇をまわし続けるような技術的「修理」を要求する。個々の鶏の価値はわずかなので、人はより多くの鶏を必要とする。鶏は安価で、籠は高価なので、多くの鶏から成るひとつの群れを籠に入れることは、物理的に可能だ。膨大な鶏の集中は、混みすぎた状況において病気の蔓延という野火を防ぐために、膨大な量の抗生剤と他の薬剤を必要とする。動物の繁殖は、まったく生産性だけを目指して行われ、遺伝的多様性——予見できない変化に対応するためのセーフティ・ネット——が失われている。パ

ハズバンドリーの終焉

デュー大学の遺伝学専門家ビル・ミューアは、鳥の商業的系統では、商業的でない鳥と比較して、遺伝的多様性の90％が失われていることを発見し、このことは彼をとても心配させている（Lundeen, 2008）。小さな鳥業者は、この重大な要求を満たす余裕がなく、遺伝的多様性が失われているのだ。ジェファーソンが社会の背骨と論じた小規模農家は、統合された大規模企業体にとって代わられている。巨大な諸企業体は、階層的に統合されており、有利だ。肥料（牛糞など）は、牧草の肥料となる代わりにその処理法が問題となり、汚染源としても問題となるため、化学肥料に置き換えられている。ハズバンドリーに本質的な地方の知恵とノウハウは失われている。「知性」は生産システムの中にコンピューターによって直接組み込まれている。食品の安全性は、あまりにも多くの薬や化学物質によって脅かされており、効果的に病原体をコントロールするための抗生剤が繁殖のために——選抜のために——広く用いられており、抗生剤に耐性のある病原体は感染を起こしやすいものとして絶滅させられる。結局システムはアンバランスになり——これを動かしつづけるためには常に廃棄物管理のため、また消費される薬品と化学物質を作り出すためのインプットが必要となる。そして動物は、生産性がウェルビーイングより重要なものとなっているので、惨めな生を生きている。

　産業化された動物農業のすべての領域で、動物にとって同じように惨めな状況に出会う。たとえば酪農業は、動物が草を食べ、ミルクを出し、草が糞によって生き続けるように土を豊かにすることによって、かつて牧歌的な枠組みで持続可能な動物農業と見られてきたことを考えてみてほしい。産業がこの状況はまだ保たれていると消費者に信じさせようとしているにもかかわらず——カリフォルニアのチーズは「幸せな牛」からのものだとカリフォルニアの酪農産業は宣伝しており、牧草の上の牛たちを見せるのだが——真実は完全に違っている。カリフォルニアの乳牛の絶対的多数は、その生を泥とコンクリートの上で費やし、実際牧草など見たこともなく、搾取されるだけなのだ。非常に常軌を逸したこと

137

だが、これは酪農協会が虚偽の広告で訴えられた不誠実だ。そして35年間酪農に携わっている私の友人は、これを「常軌を逸した嘘」と呼んでいる。

　実際のところ、乳牛の生は楽しいものではない。現代農業を通じて遍在する問題において、動物はただひたすら生産性のためにのみ繁殖させられる——乳牛の場合、牛乳生産のために。今日の乳牛は60年前に生きていた乳牛の4倍以上の牛乳を生産する。1957年に平均的な乳牛は、1泌乳期あたり5000から6000ポンドの牛乳を生産した。すなわち新しい子牛を生む前の期間乳牛は牛乳を生産したのだ。ほぼ60年後、1995年から2004年だけでも1頭あたりの牛乳生産量は16％増えている。2005年から2014年には牛乳生産量は19000ポンドから22500ポンド近くにまでなっている（米国農務省——アメリカ農業統計局、2015）。その結果、乳房は脚の上に載るようになり、そのため足が不安定になっている。アメリカの乳牛の群れの中では、慢性的に脚が不自由なものの比率が高く（ある推測では30％ほど）、これらの牛たちは深刻な繁殖の問題にも苦しんでいる。伝統的農業において乳牛は、10年、15年あるいは20年も生産的であり続けたが、代謝のバーンアウトと、常に生産性の高い動物が探求される結果、アメリカでは牛スマトロピンというホルモン（BST）の使用によってさらに生産が増やされ、生産が早められており、現在の乳牛は2泌乳期以上はもたない。このような不自然な生産動物は、自然に乳房炎や乳頭の感染に苦しめられるが、乳房炎への産業側の反応は、糞による汚染を最小限にしようとして行う麻酔なしでの断尾という無駄な努力であって、新たな福祉の問題を作り出している。まだ行われているこの処置は、絶対に乳房炎のコントロールのために、あるいは体細胞数を減少させるために適切ではない（Stull, Payne, Berry, and Hullinger, 2002）（私の見方では、尾の切断によるストレスと痛みは、蝿を追い払うことを不可能にするので、より乳房炎にかかりやすくするかもしれない）。子牛は生まれてすぐ初乳を受ける前に母牛から離されるが、これは母牛にも子牛にも顕著な苦痛を与える。雄の子牛は、と場

に送られるか、生まれてすぐ肥育場に入れられて、ストレスと恐怖を感じさせられる。

　集中的な豚産業は、アメリカでは数えるほどの会社がポーク生産の90％に責任があるのだが、ハズバンドリーで育てられる豚にはない苦しみについて、顕著な責任がある。私たちはすでに、監禁的豚産業において、そして動物農業すべてにおいて、実にひどい実践がなされており、そしておそらく豚には知性があることを精査してきた。妊娠した雌豚は妊娠ストールにあるいはストールに——本質的にとても小さい籠だ——4年ほどの生産的時代を過ごすのに住まわせられる。このようなストールの「推奨される」サイズは、おおよそ私たちがこの後詳細を見ることになる例外もなくはないにせよ、産業側によると、高さ3フィート、幅2フィート、長さ7フィートだ——これは600ポンドかそれ以上の体重がある1匹の動物のためのものだ（現実においては、多くのストールがこのサイズよりも小さい）。雌豚は向きも変えられず、歩けず、お尻を掻くことさえできない。大きな雌豚のケースでは、横になることもできず、胸を押しつけた形で寝るしかないのだ。この例外は産褥期——おおよそ3週間——に彼女が出産して子豚を育てるために「妊娠ストール」に移されることをほのめかしている。この籠の中のスペースは、彼女にとってより素敵な場所ではなく、豚の周りには「這って進むための手すり」があって、彼女が姿勢を変えようとするときに、子豚が押しつぶされることなく、子豚を養えるようになっている。私たちはすでに、集中的な豚生産は、豚のテロスによって決定されている必要と利益を無視する程度のものになっていることを精査した。

　農業的監禁の他のすべての領域は、同様に動物のテロスを蹂躙している。他のひどい例は、監禁的ヴィール（肉用子牛）産業によって提供される。元来乳牛産業からもたらされる不要な雄の子牛を市場に供給する意図があるのだが、ヴィール産業は、白っぽくて柔らかい「牛乳で育った」肉の市場的需要を作り出してきた。これは子牛を、暗く孤独な監禁状態に置き続けることによって成しとげられるが（子牛というものは本

質的に社交的なものだが）、彼らを限界状況の貧血状態（鉄欠乏）に保ち、運動を妨げる（肉を柔らかく保つため）ので、彼らの筋肉があまりにも未発達で、歩くことができないため、文字通り、房からトラックへ引きずられなければならない。意味深いことに、私は、このようにして作られたヴィールを食べるカウボーイ出の人には一度も出会ったことがない。ひとりのカウボーイが私に言った。「もし人々がヴィールを食べたいのなら、私たちは何頭か子牛をほふりますよ——私たちは彼らを拷問する必要はありません！」幸いなことに、人々の動物福祉の圧力はこの生産方法を強制的に終了させ、アメリカのすべてのヴィール生産業者は2012年から子牛をグループ・ハウジングで飼養することになった。

　テロスに合わせることは、受容可能なシステムのために前提されるのであって、交渉の論点ではない。動物福祉の評価のためにテロスとその蹂躙というカテゴリーを使うことは、私たちに、産業的農業がその管理下で飼育されている動物を傷つけている驚くほど多くの方法を、時には私たちの言葉にならない方法を、示す。このような社交的な動物を孤立させておく虐待の明白な例は、たとえ私たちがそれに名前をつけられないとしても、動物の動きを止め、草を食む動物を牧草から遠ざけることで、動物にとってまったく顕著に否定的な経験を引き起こす。生後1日齢の幼獣を母親から離すのは、とんでもなくひどいことだ——このような分離に従わされている乳牛は何週間も叫び続けるかもしれない。単純に、その性質が食料を探し回るようになっている動物に食料を提供することは、親切ではない——選択さえできれば、鶏でさえ食料を探し回る。私たちは、動物の性的・繁殖的な生をコントロールし、人工受精や中性化によって中止させることさえする。

　同様に非難されるべきは、私たちの便利さのために、そして彼らが高度に人工的な住環境に適するようにと動物を不自由にする方法だ。2012年に、イアン・ダンカンとともに世界動物保護協会のために執筆したある報告書の中に、普通は麻酔も無痛法もなしに行われる、焼き印・去勢・除角から無数の他の方法まで、私が列挙してきた切断の多くが列挙され

ている。と殺体や動物製品に薬品が残存することを恐れるため、農場動物の無痛法のために連邦政府が認可した薬品はない。以下は産業によるこれらの害の描写だ。

　動物にいくつかの害を与えることは、牛肉産業において普通に行われている。消せない印を作り出すために3度（深度3）の火傷を皮膚に負わせてまで、熱い鉄を使って牛に焼き印を押すことは、極度の痛みを伴い、メラニン細胞刺激ホルモンや色素細胞を破壊することで成り立っている。牧場がユニークな、主として登録してあるマークによって所有を証明すること、そしてたくさんの異なる所有者とともにたくさんの異なる動物が一緒に草を食むような状況で自分の牛を簡単に見分けることができるようにすることが目的だ。牧場主たちは、これに加えて主張する、焼き印は窃盗（つまり牛泥棒）を防ぐのに役立つと。時間の経過によって所有者が変わる牛は1回以上焼き印を押されるかもしれない。

　歴史的に、牛を永久的に同定できる方法はほとんどなかったし、火傷の痛みをコントロールする方法もほとんどなかった。過去30年以上、今日の世界では、産業的農業は社会にとってますます受容できないものとなり、ハズバンドリー農業に戻ることが求められており、痛みを伴う管理の習慣を取り除き、彼らの肉製品を人道的なビーフとして市場に出すことは、最低限の動物福祉を行うことで可能だと、西部の牧場主たちを説得しようという試みが行われてきた。コロラド州立大学で私たちのグループは、牛の網膜のデジタル画像を製作し、保存し、比較する方法を開発したが、この方法では人の指紋よりもデータ・ポイントが多い。牛を飼う人は、マイクロチップのような、他の生物測定学的同定装置あるいは電子的同定媒体を用いることができる。こういった方法はすべて、永久的で不変な同定の形を提供し、病気の発生のような出来事に際して、情報を遡ることを可能にするというさらなる利点がある。保守的な牧場主は、熱い鉄による焼き印が非常に痛いという圧倒的な証拠にもかかわらず、別の同定方法に移行することに抵抗している。もし3度（深度3）の火傷の苦しみを正当化することを頼まれたら、カウボーイは、短期間

の火傷の痛みの代わりに広大なところで暮らせるというトレード・オフに言及する。しかしながら、痛みという動物側のコストに加えて、動物の皮にダメージを与えるという産業側のコストも存在する。

　肉牛のナイフによる去勢は、古代に始まった、別の痛みを伴う管理の習慣だ。典型的には、麻酔も無痛法も付随する痛みのコントロールのために使用されないが、これについてはよく記録されている。雄の動物における攻撃性を減少させるために去勢は行われるのだが、雌の想定外の受胎を防ぐため、また人への攻撃的関与や危険を最小限にするため、そして肉の知覚される質［やわらかさ］を向上させるためだ。時には、去勢は「バンディング（縛ること）」すなわち、睾丸の周りを伸縮性のあるゴムなどのバンドで巻いて、局所貧血を作り出し、ついには睾丸が死に縮んでしまうようにすることを伴う。出血がないとはいえ、バンディングは、長期の侮辱として、ナイフによる去勢よりもっと痛いものとして現れる。成功裏に若い雄牛を育てるための、ナイフによる去勢に代わる方法には、以下のものが含まれる。局所麻酔に続けて痛みを緩和する無痛法を使うこと、化学療法（毒物あるいは硬化作用物を使って精子形成能を破壊する）そして精子形成的カスケード阻害のための免疫システムを使用することを伴う免疫療法だ。去勢は、睾丸と同じように成長を促進させるために、しばしばホルモンの埋め込み（内生的なテストステロンと同様には作用せず消費者によって疑いを持って見られている成長促進ホルモン）が代わりに行われるので、とくに経済的に不合理だ。去勢と断尾は、これまた麻酔も無痛法もなしに、日常的に羊やヤギにも行われており、たとえ動物がどのように見えようとも、痛みのある処置だという多くの証拠がある。

　別の処置である除角は、牛同士であるいは人に対して角による怪我が生じることを防ぐために行われる。大人の動物の角を切り、ほじくり出すことが行われるとき、この処置には極度の痛みが伴う。若い子牛に行われるときは、いわゆる角の蕾を摘み取る作業なのでトラウマは少なくできるかもしれないが、苛性ペースト、電気アイロンの使用、あるいは

切除によって、なお痛みはある。もちろん除角に代わる簡単な方法は、遺伝的に角がないものを導入するか、角のない遺伝子を群れに導入することだ。

上に論じたすべての切断は、北アメリカで普通に行われている。これらの処置が伝統によってよく確立しているとはいえ、ほとんどの牧場主は、これらは取り除きうるし、彼らの産業に顕著な構造的影響なく代替しうるということを認めるだろう。真の意味で技術革新は、これらの切断を上手に不適切なものにすることができる。

過去40年以上、断尾は麻酔も無痛法もなしに行われてきたが、ますます世界中の酪農業で行われるようになってきた。尾が排泄物を広げる「ブラシ」の役割を果たしているので、断尾が乳房炎を減少させるという主張は、科学的研究によって論破されている。このような利益を得ることは、房毛を刈り取ることで成し遂げられるが、それは痛みを伴わない。断尾は感染、慢性的な痛み、免疫抑制を引き起こしうる。したがってごく最近の自発的な酪農実践例では、「乳牛は医学的に必要でない限り断尾すべきではない」とされているのは良いことだ。しかしながら、この取決めは自発的なものなので、多くの酪農家たちは依然として断尾の習慣を続けている。

集中的産業的ハイテク農業の興隆は、より多くの動物切断の要求を作り出し、動物の性質を蹂躙するこのような農業をやりやすくした。上述の断尾は、広大な状況で牛や他の動物を飼育するためには本質的ではなく、理論的に除去しうるが、鳥や豚の産業における産業的状況によって切断を伴うケースが問題とされることははるかに少ない。

近代の鶏卵生産を考えてみよう。共食いは厳しい集中飼育システムに置かれている鶏の致死率を上昇させ、羽つつきは怪我や体温維持機能の低下を引き起こす。皮肉なことに、産業は共食いと羽つつきを、まるで鶏がこれらの行動をすることについて、道徳的な責めがあるかのように、「悪徳」と名付けている。現実には、不適切な繁殖や激化する生産が逸脱行動を引き起こしているのだ。この一連の問題の「解決」は、「デビ

ーク」あるいは「嘴のトリミング」として知られる切断で、上の嘴の前方が熱い刃で麻酔も無痛法もなしに切り落とされるのだ。産業によって行われているデビークは、これらの行動パターンの発生を減少させないにもかかわらず、怪我を負わせることで嘴を顕著に効果的でないものにしてしまう。

　何年にもわたって鶏卵産業は、デビークは人の爪を切るより侵襲的ではないし、痛くもない処置だと議論してきた。しかしながら、これは誤りであって、デビークは前述したように急性・慢性の痛みを示して、行動的・神経生理学的変化を引き起こすことが現在では明らかなのだ。鶏の嘴が熱い刃でトリミングされた後、神経の集まっている嘴の害された神経は、不規則に成長して、広い神経丘を形成するが、これは人にとっても動物にとっても痛いものだということが知られている。さらに、これらの神経丘は、異常な排出や神経反応パターンを、すなわち哺乳類において、急性・慢性の疼痛症候群として知られる状態を示すことが知られている。デビークの行動的反応・白血球反応はさらにこの結論を証拠立てる。デビークによる痛みが食餌に際して痛みを引き起こしうるため、体重減少が起こるという証拠もある。

　鳥産業の肉を扱うセクションもまた、切断に関わっている。雄の鶏（ブロイラーの種鳥になることが運命づけられている）と両性の七面鳥は、他の鳥に怪我をさせるのを防ぐために、しばしば孵化場で、つま先を切断される。またもや、つま先の切断は、麻酔も無痛法もなしに行われ、急性の痛みを引き起こす証拠がある。

　鳥において普遍的に行われる別の切断は、「ダビング」と呼ばれるが、これは雄の鶏の頭頂にあるトサカを取り除くもので、またしても麻酔なしで行われるのだ。これはのちにトサカに怪我をして感染するのを防ぐために行われる。トルコでは、外科的に、嘴の上にある肉の突起物を取り除くことが「デスヌーディング」として知られており、またもや何ら痛みのコントロールなしで行われる。

　もし動物が、それに適応するために進化してきた種類の環境で飼育さ

れるならば、これらの鳥の切断はどれも不必要だということを強調することが重要だ（たとえば、広大な状況で動物たちは、同種のより攻撃的な動物から逃げることができるので、デビークのような習慣は不要だ）。何千年も鳥を飼育してきた人間は、監禁的農業によって必要と断定された処置を元に戻さないままにしている。

　切断に強く依存している監禁的動物生産の他の領域は、豚産業だ。1日齢から10日齢までの若い子豚は、一連の侵襲的処置にさらされる。ワクチン・（あるケースにおいては）同定のための耳刻・歯を切ること・断尾そして雄ならば去勢だ。現在ヨーロッパの一部ではこのような場合には痛みのコントロールを義務化しているにもかかわらず、北アメリカにおけるこれらの処置に際しては、いつものように、痛みのコントロールはほとんどまったく行われない。生産者は、これらの操作は最小限の侵襲だとしばしば論じるが、とくにこれらすべての処置が一度に行われるときには、常識は別のことを告げている。これらの切断が急性的な痛みをもたらすことについても、ありあまる証拠がある。

　歯を切ることと断尾は、生産管理者が、深刻な監禁と早く成長させるための集中的遺伝子選抜のコンビネーションによってもたらされる諸問題を解決するために遂行される処置だ。子豚の抜歯は、「針の歯」として知られる歯を切る。母親の乳房を傷つけることと、試験のための競争期間には他の子豚の顔を傷つけることを防ぐために行われる。断尾は、集中的生産の発展以前には事実上知られていなかったが、今では、痛みのコントロールなしで必ず行われる。一般的に、一度始まると徐々に広がり、体の他の部分も噛み始める行動パターンとなるのが尾を噛むことだ。尾を噛まれた豚は徐々に噛まれることに無反応になっていくが、これは学習性無力感といくらか似ている。感染症がしばしばこれに続いて起こり、体系的に生じる可能性がある。

　豚は食料を探して地面を掘ったり飼料を集めたりすることに、非常に動機づけられる。彼らが監禁システムにおいて飼料を集める回路を失うとき、この行動は他の豚の尾に向かうように思われる。一度尾を噛むと、

145

出血する傷ができ、血の魅力がこの行動をエスカレートさせる。広大な状況では、彼らは互いから逃れる空間がある。監禁においてのみ、尾を噛むことは深刻な問題となるのだ。生産者の反応は、尾の先半分を切断することは、動物を病気になるような環境において人が作り出した問題を外科的に解決する方法だというものだ。もう一度繰り返すが、前述したとおり、尾を噛むことは、まるで豚がそれをするのが悪いかのように「悪徳」として言及される。人が引き起こした動物の問題の外科的解決は、道徳的に受容できない。人は、動物を切断するのではなく、病気が引き起こされるような環境を変えるべきなのだ。よりよいハズバンドリー、藁の用意、そして退屈の軽減が、尾を噛むことを減らすだろう。

　要約すると、一貫したテロスの目にあまる蹂躙という点からだけでなく、農場動物に顕著でコントロールされない痛みを与えるという点からも、監禁的農業は動物福祉の低減の紛れもないイメージ・キャラクターだ。公正に言って、これらの痛みを伴う処置のいくつかは、つまり去勢・焼き印・除角のほとんどは、農業の産業化に先行しており、終わりなき数のテロスの蹂躙に加えて、少なくとも監禁農業の発展に伴って行われるようになったというわけではなかった。他の切断は、動物の性質に農業システムを合わせることへの失敗を埋め合わせるために行われるようになったものだ。

　動物農業の産業化が作り出したさらなる問題は、監禁農業が同意した初めての集中的研究によって、2008年に、公に紹介された。すでにこの領域において高度に影響力があり、アメリカ中で800以上の肯定的な論説を受けているのは、産業的農場動物生産、「肉をテーブルに置くこと」についての、ピュー・コミッション報告2008だが、これは独立した専門家の調査機関による産業的動物農業の最初のシステマティックな調査だ。このコミッションの報告書は、様々な領域において、産業的動物農業についての社会的に生まれ出ようとしている懸念を言い表したものと見ることができる。

146

産業的動物生産についてのピュー・コミッションは、ジョンズ・ホプキンス大学の公衆衛生学部、すなわちアメリカにおいて最も資金の潤沢な学部が、連邦政府の公衆衛生学研究費の25％を集めたときに始まったが、デラウェア－メリーランド－ヴァージニア地域の、家庭から汚染的産業の大きなセクションまでの、水質汚染の研究を成し遂げようとしており、彼らが最先端の人の抗生剤の残留を見つけたとき、ホプキンス大学「生きるのが可能な未来」センターの健康と持続可能性を研究するユニットの長ロバート・ローレンスに報告書を送った。ローレンスは成功裏に、60億ドルを、ピュー・チャリタブル・トラストが産業的動物農業の研究に資金を拠出し、報告書を出版することを嘆願した。

コミッションの議長は前のカンザス州知事ジョン・カーリンだったが、彼は酪農農家で成長した賢明な政治家だった。私を含めて、他のコミッショナーは、コミッションが懸念している領域に適した知識を持っていて、それらの領域の認められたエキスパートだという理由で選ばれた。これは私たちが予想していた産業側の攻撃に対して私たちの信頼性を保証するものだった。他のコミッションのメンバーは以下のとおりだ。

○マイケル・ブラックウェル
　前テネシー大学獣医学部長（テネシー州ノックスヴィル）
　アメリカ公衆衛生局で最高位の獣医師
　専門分野：公衆衛生学・動物疾病学
○ブラザー・デイヴィッド・アンドリュース
　前カトリック地方生活会議理事長
　専門分野：地方社会学
○フェデル・バウッチオ
　年間25万食を賄う食品倫理問題に対応した最初のフードサービス会社 Bon Appétit Management 設立者で CEO
○トム・デンプスター
　サウスダコタ州上院議員

○ダン・グリックマン

　前米国農務省長官

○アラン・ゴールドバーグ

　ジョンズ・ホプキンス大学公衆衛生学部

　動物実験の代替法センターの設立者でセンター長

　専門領域：動物福祉学

○ジョン・ハッチ

　ノースカロライナ大学公衆衛生学部

　「健康な行動と健康教育」名誉教授

　専門領域：公衆衛生学

○ダン・ジャクソン

　牧場主

　モンタナ家畜育成協会前会長

○フレデリック・キルシェンマン

　アイオワ州立大学持続可能な農業のためのレオポルド・センター特別
　研究員

　専門領域：持続可能な農業

○ジェイムス・マーチャント

　アイオワ州立大学公衆衛生学部長

　専門領域：労働および環境の保健、地方の保健・公衆衛生学

○マリオン・ネッスル

　ニューヨーク大学ポーレット・ゴダード栄養学教授

　食品に関するベストセラー作家

○ビル・ナイマン

　600世帯の家族経営農家によって人道的な肉を供給している会社ナイ
　マン牧場の設立者

○メリー・ウィルソン

　ハーバード大学医学部およびハーバード大学公衆衛生学部における感
　染性疾病のリーダー的専門家

カーギル社の上級副会長トム・ヘイズは、私たちのすべてのディスカッションに参加したが、報告書が出される前に退任した。

このコミッションは2年以上にわたってアメリカ中で行われ、5つの学会で報告をした。私たちは最終報告書を2008年5月に出した。私たちのグループは、なんであれ専門的コンサルタントが必要なら、雇うための資金を得ており、気前よく専門家の証言を使って、私たちの最終結論は意見の一致によって成立した。それは簡単ではなかったが、統一戦線が保証された。

討論において私たちは、5つのCAFOs（集中的動物飼養操作）と関係し、絡み合う問題領域に集中した。

1.　抗菌剤耐性：1940年代半ばから、成長を促し、疾病を防ぎ、貧しいハズバンドリーを埋め合わせるために大規模でみさかいのない抗生剤使用がなされる結果として、抗生剤耐性のある病原体がダーウィン主義の帰結として予測されていた。抗菌剤耐性は今日、アメリカで現在生産されている抗生剤の70％が使用されているCAFOsにおける抗生剤使用によって非常に増加している。

2.　環境的略奪と農場廃棄物：CAFOsは、とくに氾濫原のような不適切な場所で、しばしばそれを吸収する土地の許容量を超える膨大な量の動物廃棄物を産出している。CAFOsはまた空気を汚染している（大規模な酪農によって）。そして、水質汚染については、抗生剤、ホルモン、除草剤、重金属が影響している。膨大な量の化石燃料と水を使用している。これらすべてにもかかわらず、CAFOsは汚染産業として規制されていない。

3.　地方の社会学：CAFOsは、ジェファーソンがアメリカ民主主義の背骨と見ていた独立的で自足的な家族的農場を一掃してしまった。40年ほどの間にアメリカは小規模豚農家の90％以上を失い、数えるばかりの企業体がとってかわった。これは地方の貧困を増し、小さな共

同体を解体してしまった。貧しい人々はしばしばCAFOsの汚染の襲撃にさらされている。

4. 他の公衆衛生の諸問題：高度に監禁的な操作が病原体を発生させており、感染症に対する私たちの医学的装備を減少させ、近隣の住民に肉体的・精神的な副作用を起こしている。CAFOsの労働者たちは、より健康上の問題に苦しんでおり、病気が共同体の中で広がりうる。

5. 動物福祉：CAFOsは、動物の健康から彼らの自然な行動を表現する能力までの、立ったり回ったりするような基本的運動あるいは他の同種の動物といることを含む動物福祉の最も適切な次元を害する。農場動物の病気の圧倒的多数は「生産病」すなわち、動物が広大な場所で育っていれば主要な問題とはならないはずの病気なのだ。

　明らかに、これらすべてのカテゴリーは互いに関連している（たとえば汚染と健康）。私たちは、上記問題の研究には、広く産業がスポンサーとなっていることを発見した。つまり、そのような研究は、産業側の利益に合った結果を得る方向へと自然に歪められてしまう。

　コミッションの仕事の最も顕著な結果のひとつは、産業的農業が安価な食料の源だという広く流布した信念を論破したことだ。実際にキャッシュ・レジスターのところで安価な動物製品を作る一方で——産業の隠れたコストを人々にまわすことを、経済学者はコストの外注化と呼ぶが、産業的農業が作る食料が安価だという主張は、この隠れたコストを除外している。たとえば、汚染を除くことが人々にまわされて、病原体的CAFOsの近隣に住む人々が健康上のコストを引き受ける。カリフォルニアのセントラル・ヴァリーの境界に住むすべての男性・女性・子供は、酪農がそこになかった場合より、毎年1500ドル多く健康のケアのために支払っている。

　コミッションは、ある産業側のロビイストが私との個人的なコミュニケーションにおいて「未来の農業のための設計図」と呼んだ、6つの基本的な奨めを結論とした。

150

1. 治療目的以外での抗菌剤使用の漸減および禁止
2. 国の動物同定システム履行による疾病追跡の機能強化
3. CAFO廃棄物の規制強化
4. 農業動物の集中的監禁の10年以内の廃止
5. 家畜産業における競争の増加（独占の減少）
6. CAFOの諸問題を研究するための公的資金の確立

　このピュー・レポートが成し遂げたのは、これらすべての問題が互いに絡みあっているということを、人々に示したことだ。今環境保護主義者は、動物の監禁について心配せねばならない。そして人々は、地方の暮らしと公衆衛生について、つまりそれらが動物福祉に適したものでなければならないと心配している。コミッションのメンバーのひとりが、「動物福祉はすべての問題の中で周縁的な問題だと私は考えてきました。すべての問題の中で、動物福祉が中心的な問題だということを示してくださりありがとうございます」と最後の日に私に言ったように。私たちが育てる動物の運命は、私たち自身の運命を反映している——私が農民に「動物を小さな箱に閉じ込めるのと同じ力が、あなたを経済性の箱に閉じ込めるのです」と私が言ったように。

　現代の動物農業を改善するためになされるべきことは何だろうか？極度に非現実的だが有効なのは、農場動物の権利の章典において、前提とされる「動物のテロス」の蹂躙を漸減・廃止することだ。テロスは、動物福祉の科学の基礎となり、道徳的に受容可能な動物利用を作り出す。道徳的に受容可能な動物利用がありえることを、私たちは知っている。テロスへの注目は動物福祉問題を改善するだけでなく、環境軽視や疾病問題、そして今日動物農業の悪疫となっている、その他の多くの問題を緩和する。

　ピュー・レポートにおいては、産業化された動物農業への批判が、つまり農業への徹底的な（かつてそうだったような）産業モデルの適用と、

歴史的に有効性を証明されてきたハズバンドリー概念の相関的廃止が、本質的に失敗した実験だったという洞察が明白に言い表されているのだ。その始まりから続く無数の問題のゆえに、それは失敗したと、私たちは知っているのだ。ハズバンドリーの農業は、土地と動物と「共に」働くため、成功するし持続可能だ。バランスのとれている水槽をいじくりまわすのは賢いことではない。農場動物と土地の性質の尊重は、気づいていない問題がシステムを破壊したりしないことを確実にする。確立したシステムの尊重に失敗すると、ピュー・コミッションが言い表しているような諸問題を不可避的に発展させてしまうことが確実となる。その諸問題とは、環境問題、持続可能性の喪失、「土の知恵」の喪失、「動物の知恵」を持つ労働者の喪失、誰にも頼らず自分の決定をすることができる小規模独立生産者の喪失、地方の共同体の喪失、労働者と動物の健康侵害、土地・空気・水の汚染、そして私が記録してきた他のすべての問題だ。

　一つずつ考えると、これらあらゆる種類の諸問題は乗り超えられないように思われるが、しかし私たちはそれらを取り戻すカギを見つけることができると私は信じている——ハズバンドリーの回復とともに歴史が証明してきた動物へのテロスの尊重を回復することだ。テロスとハズバンドリーの尊重は、動物福祉が尊重され、どのように動物が保たれるべきかについて協調的になることの保証を必然的に伴うので、これらの問題のうちどれも、ハズバンドリーに基づく農業の時代には悪疫ではなく、テロスを尊重することと両立していたということへの気づきを助けてくれる。動物がどのようにして保たれるべきかは、彼らの心理学的・肉体的特性によって決定されるので、技術的研磨機は必要ない——丸い杭は固く丸い穴に安定する。誰かが動物を強制してそのウェルビーイングに反する生活環境に置くなどということは決して起こらなかった。そんなことをすると、私たち自身や自己利益を害するかもしれなかった。

　テロスとそれと同じようなこと、つまり土地についての知識を持ち土地を尊重することは、環境による制限が尊重されることを保証する。疑

いなく、所与の放牧地に過放牧する人々は存在した。しかし誰も自分たちや子供たちの生計を危機にさらすことを望まないので、それは1回だけしか起こらなかっただろう。そして、より多くの報酬と生産性の無茶な約束とともに人々を誘惑するような高い技術はなかったし、誰も自然に逆らって、あるいは環境による制限を踏み超えて働こうとはしなかったのだ。

　テロスを尊重することは、どんな種類の条件が動物を健康に保つのかを、動物農家に考えさせる。2000年に私は世界保健機関の動物農業における慎重な抗生剤使用委員会のメンバーとして働く特権を与えられた。その間に私は、前スウェーデン農務省長官と出会い、私たちはすばらしい会話を共有した。何年も前にスウェーデン国民は国民投票によって成長促進目的の抗生剤使用を取り除いたと、彼は私に言った。その薬が感受性の高いバクテリアを殺すことを促進し、結果的に生じた「場所」が、一般に使用される抗生剤に潜在的耐性を持つバクテリアによってコロニー化されるので、バクテリアに抗生剤耐性を生み出すということが広く信じられていたからだ。この耐性は、アメリカにおける膨大な公衆衛生問題を代表している。家畜への抗生剤使用中止は生産者にパニックを引き起こし、彼らは半狂乱でその薬の合法的代用品を探した、とその大臣は言った。ある生産者会議でひとりの老人が、牛を飼っていた彼の祖父と仕事をした思い出を語った。自分の祖父は動物の出荷と出荷の間、自分の家畜がいる施設を潔癖なほど清潔にしていた、とその老人は言った。困り果てていた生産者たちは「これはすごく馬鹿げているが、効果はあるかもしれない」という感じでこのアイディアに飛びついた。当然というべきだが、それはうまくいった。そして肉の価格は劇的に上がるだろうという、生産者の不吉な予言とは逆に、徹底的なクリーニングは、肉の価格を劇的に「下げた」のだった。生産者たちはもはや、不潔で病気が起こる状況を埋め合わせるために抗生剤を買う必要がなかったからだ。

　最後に、テロスを尊重することに基礎を置いた農業の下で、仕事を拡

大する唯一の方法は、より多くの土地を手に入れることだった。人は単により多くの動物を牧草地に詰め込むことはできない——ふさわしい動物数は、土地の牧草の許容範囲つまり動物が消費する量によって決まる。したがって、よりたくさんの動物を牧草地に入れることによって、より大きな生産者が小さな生産者を追い出すことはできなかった、つまり動物のテロスを犠牲にして効率の増大をはかることはできなかったのだ。もしあなたが近所の人よりたくさん土地を持っているなら、より多くの動物を生産できる。しかしそれは、あなたの仕事をより効率的にするわけではなかった。

　この同じ点を別の方法で言いなおしてみよう。農業の産業化は本質的に労働を資本に置き換えることと等しい。巨大な資本なしには、小規模で労働力のかかる業者を打ち負かした今日の巨大食肉生産工場は存在できなかった。農業の過激化から派生した歴史的データからは、動物農業の産業化と機械化とがハズバンドリーをより達成しやすくするという考え方は表れない。その代わりに良きハズバンドリーの価値は、非常に多くの数の動物を使用することにとって代わられた。それは個々の動物の価値がハズバンドリーにおけるより低くなるという効果を伴っていたが、数の方はとても大きくなった。たとえば乳牛には、15年以上も牛乳を出し続けていたときには顕著により高い価値があった（ある酪農業者は、現代の産業的な酪農に反対して、これを「マラソン牛」と呼ぶ。3泌乳期以内しかもたない「スプリンター牛」との対比において）。しかし今日の産業的生産者は、個々の牛からの利益が顕著に薄くなってきているため、ひとつの事業で1万頭あるいは2万頭の牛を飼養するかもしれない。良きハズバンドリーの報酬として金を稼ぐのではなく、多数の動物を育てる資本を持っていることによって稼ぐのだ。しかしながら、それは機械を動かす安いエネルギーのような多くの「インプット」を要求する。

　12年ほど前、この点について私は忘れられない経験をした。私はコロラド州立大学の動物科学学科の同僚ジョン・エドワーズから電話をも

154

らった。彼は私に、とても興味深いナバホ族の大学院生がいるので、私は彼女に会うべきだと言った。彼女はアイヴィー・リーグの大学で公衆衛生学の学士号をとり、今はコロラド州立大学で動物科学の博士号を取ろうとしていた。私たちはコーヒー・ルームに一緒に座り、私は彼女の将来計画について質問した。私は熱狂的に興奮していた。「すごいな！女性でインディアンの学生が博士号を取るんだ！　君はハーバード・メディカル・スクールに就職することを考えるべきだ！　世界は君の思うままだよ！　ここで博士号をとったら何をするつもりなの？」

　彼女は答えた。「保留地にもどって祖母が羊を育てるのを助けます」

　「なぜ」と私はしどろもどろになりながら言った。「なぜ教育を無駄にして、君のユニークな立場を利用しないんだ？」

　私は彼女の答えが忘れられない。「コロラド州立大学で、またアイヴィー・リーグで私は、祖母の羊が双子の子羊を産むような、ときどき起こる現象の生理学的説明を受けました。祖母からは、とても違った説明を学びました。祖母は私に、それは良いハズバンドリーの報いだよ、と教えてくれました。私は後の説明の方が好きなのです」

　「私は後の説明の方が好きなのです！」私が言わんとしている論点の、なんと完璧で美しい表現だろう。彼女の祖母の説明が、本質的によりよい世界を作るためのものだと、彼女は気づいていた。彼女はその世界に住むことを好むのだ！　それはハズバンドリーと持続可能性が、生産性や利益以上に、すべての犠牲を払って支配する世界だ。動物はふさわしい自然な生を生きる。動物福祉はシステムに不可欠なもので、後知恵で政治的に強制されるようなものではない。そのような世界に注目すると、動物との契約は回復されるだろう。動物と働く人々は知識と知恵を持つ。彼らは野外で、汚染のない状況で、彼らの健康──あるいは精神が、蝕まれない方法で働く。環境的健康の保持は、農業の前提であって苦闘ではない。

　これは翻って私を非常に急進的な結論に導く。農場動物のための充分なスペースを法律によって求めようとするよりむしろ、政治的闘争をと

おして化学的流去や汚染を規制すべきで、土と水を持続的な方法で保存すべきなのだ。労働者の健康のために闘い、小規模農家が生き残れるように戦うべきなのだ。なぜ、私たちが考えているほとんどのことを解決できる、すべてを包含するような根本原理を作りださないのだろう？その原理はとても単純だ。動物を生産するためにデザインされるすべての農業システムは、動物のテロスを尊重しなければならず、それに対抗してはならない。ハズバンドリー農業として、すでに存在しているテンプレートは、1万年以上もうまく機能してきた。機械化、集中化、産業化された農業は、たかだか100年くらいにすぎないが、すでに動物福祉と、人と動物の健康、地方の共同体、そして小規模独立食料生産者を脅かしている。

　政治的現実と膨大な金の儲かる法人組織の産業的農業は、この解決策を一瞬の幻以上のものにはしない。このような提案をするだけで、鋭い叫びが顕在化する。「ラッダイトだ！」「無政府主義者だ！」「進歩の敵だ！」「貧しい人を何とも思わないのか！」というものまである。というのはハズバンドリーに基づく農業と動物のテロスの尊重は、確かに食料の量を減少させ、値段を高くするからだ。しかし同様に、産業的農業はそれほど長くは続かず、本質的に持続可能ではないことを考えなければならない。たとえば私たちが安いエネルギーを失ったら、全システムが崩壊する。ある点では、私たちが当然とみなしていることの中に、カタストローフィックな可能性が本質的に備わっていて、現代文明のために解決不能な危機となる事態を結果するのだ。ここに提示した議論をもとに、読者自身に判断してもらうことにしよう。私はとても単純に、人間の文明の展開を通じてしっかり証明されているハズバンドリーの原則に戻ることを論じている。

　ハズバンドリーの農業に戻るというのが、圧倒的にありそうもないことなので、このような解決法は本質的に非現実的なものとなってしまう。したがって人は、現在のシステムを入れ替えるのではなく、改善する方法に戻らねばならない。しかし最低でも、いろいろなところが壊れてい

るシステムを修理するための主たる理想として、テロスとハズバンドリーの保存の必要性を、私たちは心にとどめるべきだろう。

動物実験とテロス

　動物農業におけるテロスについての尊重喪失は、動物の性質を犠牲にして動物製品の生産性を増大させる能力によって、より多くの金を儲けようという願望——つまり貪欲に動機づけられていることは、私たちの議論から明らかだ。貪欲が人間にとって主たる動機づけの力だということには誰も驚かないだろう。とくに、短期的タナボタ的利益の場合にはそう言える。動物農業の産業化の結果のひとつは、持続可能性の喪失だということを私たちはすでに見てきたが、それはつまり、利用可能な資源の長期的生産性が失われるということだ。一般的なこととして、それが農業における収益性と対立するなら、動物のウェルビーイングがないがしろにされるということが起きるだろうと予測できる。それが農業における収益性と対立するならば。動物から利益を抽出しようとする農業以外の追求、漁業や製薬業についても、農業と同様のことが言えそうだ。良き科学は動物のテロスの最大限の尊重を要求するものだから、科学における動物利用、動物実験、動物試験などにおいては貪欲への要求を充たすと、良き科学の意図とは逆になりそうなことを考えると、奇妙なことだ。

　最も現実生活に近い状況において倫理的規範は、たいていは倫理を害することになる自己利益の思惑と競合する。たとえば、私たちは嘘をついてはならないという倫理的命令があるところで、自己利益は別方向に圧力をかけてくる。浮気や嘘が道徳的に間違っていると知った上で、浮

159

気している夫は妻にそれがばれないように、ぬけぬけと嘘を言うだろう。

　研究に利用される動物の扱いの場合においては、このルールに対する明白な例外だということが一目瞭然だ。研究者が実験動物に住居を与え、有効利用する方法からは、完全に明白な自己利益的目的が取り除かれている。その願いは、現実的で正確なデータをとることなのだ。たとえば、私たちが研究によって生じる痛みや苦痛、ストレスをコントロールするのに失敗するとき、私たちが実験動物をどのように管理し世話しているかによって、私たちはこれらの動物の否定的状況を最小限にしようとする複数の要求を蹂躙するのだが、しかし私たちはまた、正確な生理学的・代謝的データを得るという複数の研究上の要求を蹂躙する。

　デコボコの道の上にある彼らのピックアップトラックの背後で使うために、ミクロトームあるいはMRIといった設備の比較的複雑な部分を引きずることなど夢想したこともない科学者たちは、実験動物の性質によって命じられる必要については、ずっと悪いことをする。1980年代初頭に私は、この現象の顕著で忘れられない例を経験した。それは私がショック学会の国際的集まりの晩餐会でスピーチするために招かれたときのことだった。その集まりに来ていたのは、循環システムを持つすべての種が死に隣接する原因たる循環器系のショック、すなわち循環の停止を研究する医師・博士・獣医師である研究者たちだった。

　それはティートン山脈にあるワイオミング州ジャクソンに近い美しい場所、ジャクソン・レイク・ロッジで開催された。すべての連邦のリゾートと同じくそのロッジは、大学生と退職者によって管理されていた。私が到着するとすぐ、麻酔を使ったどんな研究も学会のジャーナルで発表される論文として報告してはならないという厳しいポリシーを宣言した、この学会のリーダーたちに影響力を発揮するよう私に頼んできた若い研究者の小グループが近づいてきた。ショックについての研究論文がしばしば外傷性ショックあるいは外傷によって引き起こされる循環器系の停止を報告するという事実にもかかわらず、これが彼らのポリシーだった。外傷性ショックは、多くの場合、ノーブル＝コリップ・ドラムと

160

いう、1分あたり60回回転する機器の中に動物を入れ、動物がその中の不規則な突起に衝突して不規則な外傷を作りだすことによって生じさせられる。無痛法や麻酔の使用は禁止され、たとえば車の事故で外傷を負った人間は麻酔されていないが、そういう人間のモデルだからという言い訳が使われていた。実際このような処置が犬に行われているフィルムが、大学生が操作するプロジェクターによって学会でも映し出されていた。セッションの終わり頃にその学生が学会長に近づいて、「俺たちはお前らのようなひどい奴らがここから出ていくのが待ちきれない」と言い、学会のメンバーはとても立腹した。

その晩私はスピーチをした。現実の生活においてショックが起こる場合との類似性が失われるような、麻酔などの変化しやすいものを導入しない科学的精神を「賞賛する」という皮肉によって、話しを始めた。私は続けて、同じ科学的精神が疑いもなく、ショックの反応を歪めてしまう周知の変化しやすさをコントロールすることへと彼らを導くだろうと指摘した。ちょうどその年、ドイツのハノーファーでD. ゲルトナーが、標準的実験用ラットの2つのグループを採り、同じ条件に6カ月間保ち、それからひとつのケージを3フィート離してみた。ケージを動かされたラットには100秒経つまでに膨大な血漿の変化が見られ、45分間続く小規模なショックを起こしているのが示された。「確かに」と私は続けた。「あなたがたはこの種の変動をコントロールしていますよね？」そして私は言った。「世話をする人の人格や性格といった動物生理学へのインパクトが知られていますが、そういう他の変動もコントロールしていますよね？」すべての出席者はこれらの結果を聞いたことがないのが見てとれた。「もしそうだとしたら、あなたがたは図々しくもそんな麻酔を使わないなんてことができるのでしょうね？」これらの準備は、あなたがたがしているような仕事の道徳的前提ですよね？」さらに声を張り上げて私は論じた。「麻酔をかけられた動物の生理学的反応を麻酔から醒めた状態の動物の生理学的反応に変換する相関図を私たちが作れる方に、私は今財布の中にある200ドルを賭けます。もしそれが作れない場

合にはコークを1杯おごってください！」

　今まで見たこともないほど聴衆は静まりかえった。学会長兼ジャーナルの編集者が咳払いをして「私はあなたがこの問題を提起してくれたのを喜んでいます。私は、私たちのジャーナルはもう麻酔をかけない動物の研究を受け入れないと宣言して、あなたのスピーチの終わりを告げることとします。これは根本的なポリシーの変更です」と言ったとき、ようやく困惑は終わった。聴衆は、とくに若い人々が自発的に拍手喝采し始めた。

　これは実験動物の必要と利益についての無知と注意欠如のパラディグマティックで劇的な例だ。私が詳細に論じてきたように、そして私が1960年代のイギリスの雑誌 *Nature* を想い起こすと、科学における動物利用は道徳的問題ではなく科学的必要なのだということが、かつては普遍的に信じられていたのだ。ニュートン後に普及した力強いイデオロギーの影響下で、科学は一般に「価値から自由」と見られ、とくに「倫理から自由」と見られたのだ。私が論じたように、私はこれを科学的イデオロギーとか科学の常識とか呼んでいる。

　アメリカ人が人類史上最も洗練された科学のいくらかを生み出してきたという事実にもかかわらず、真に劇的なテクノロジーの必然的結果と同様に、アメリカの人々は明白に科学に賛成するには程遠い。支持の欠如には多くの理由があるが、おそらく最も歴然たる理由は、恐ろしいほどの科学的無知と、アメリカの歴史を通じて広がっている凶暴な反知性主義だ。

　私たちはアメリカの人々において、あるいは他のどこにおいても、科学的無知の程度を軽視することはできない。C. P. スノーは1950年代に大学の知識人について初めてこのように書いた。「ふたつの文化が緊張状態にある」。すなわち科学とその他すべての間に緊張状態があるのだ。状況が改善したと信じる理由はほとんどない。ケイス・ブラックが *Cedars-Sinai Neurosciences Report* (2004) に書いたように

動物実験とテロス

　かつてアメリカの最も優れた人たちは、科学や医学に進んだもの
だが、もはやそうではない。アメリカは他の先進国と比べると科学
的理解において継続的に低い位置にある。アメリカの人々の半分は、
地球が太陽の周りを１年に１回まわっていることを知らないし、最
も初期の人類は恐竜と同時代に生きていたと信じている……1996
年の教育的成果についての国家的調査は、高校３年生の43％が科
学的知識の基礎的レベルに達していないということを発見した。

　アメリカにおける科学的運用能力を研究しているノースウェスタン大
学のジョン・ミラーは、20 ～ 25％のアメリカ人だけが「科学的な理解
力を持ち、それに注意を向けているが……［他の人たちには］そのヒン
トもない」と主張している。ミラーによれば、アメリカの成人は分子と
は何かを知らず、DNAが遺伝のカギだということを３分の１以下の人
しか知らず、10％しか放射（能）とは何かを知らない。2004 年の CBS
ニュースの調査によると、高校の科学教員の16％は創造論者だ（Dean,
2005）。そしてアメリカの人々の３分の２は、進化論と一緒に創造論を
教えてほしいと思っている。
　これは私たちを驚かすべきではない。ピューリッツァ賞を受賞したリ
チャード・ホーフスタッターの 1963 年の著書『アメリカの反知性主義
（*Anti-Intellectualism in American Life*）』は、建国にまで遡る、アメリカ
史における深い反知性主義の流れを指摘していた。ジェフリー・サック
スは、*Business World* 誌 において次の言葉を引用している。「反知性主
義という言葉によって、科学と証拠にこだわる人々を軽蔑することによ
って支えられている攻撃的な反科学的見方を私は意味している」（Sacks,
2008）。胚細胞使用やバイオテクノロジーが奇妙な理由で広く拒絶され
ていることを考えてみてほしい。
　他の諸要素は、反科学から派生し、増大する反科学的気分にしたがっ
ている。これらは「魔術的思考」の復活を含んでおり、進化論に敵対的
な創造論の再出現に反映している。証拠に基づかない「代替医療」に何

163

十億ドルも費やされていることに反映している。そして未確認動物学の本がすべての生物化学系書籍を合わせたよりも売れているという事実に反映している。科学的進歩のメタファーとしてのフランケンシュタイン神話への終わりなきアピールは、翻って科学的進歩についての人々の懐疑主義に分岐した。

　先述したように、社会において動物の道徳的地位を増大させようとする私の仕事は、獣医学教育に動物への道徳的配慮を持ち込もうという私の実践的努力と同様1970年代に動物倫理は柔道あるいは想起に基礎づける必要があって相撲にではないという気づきによって始まった。私は、動物の問題は監禁型農業によって引き起こされているとぼんやり気づいていたとはいえ、動物利用を変えさせるために影響を与えようという私の最初の努力は、動物実験に集中した。これにはいくつかの理由があった。まず、哲学だけでなく、動物科学や生物医学においても任命されて学問的環境にいる知識人として、また生物学における哲学的道徳的問題を教えるために政府の学術基金から研究費を得ている者として、科学者はその目的が利益である農民よりもっとずっと倫理的議論を受け入れやすいだろうということを、私は直感的に信じたのだった。これは、科学における倫理についての思考から完全に科学者をブロックする科学的イデオロギーの邪悪な力を私が理解する前だった。科学者たちが、科学における動物の侵襲的利用から引き起こされる無数の倫理的問題についてまったく盲目だったことに、私はショックを受けた。

　1976年に、私が獣医倫理学を一緒に教えていた教員ハリー・ゴーマンによって、そしてコロラド州立大学の動物実験学研究室長として新しく着任したデイヴィッド・ニールによって、このことは私の注意をひくことになった。ゴーマンとニールはアメリカ、カナダ、イギリス、そして軍隊において、あわせて50年以上の動物実験を扱った経験を持っていた。両者とも、実験動物はわずかな正義さえ受けていないと固く信じていた。実際人工の股関節を発明した実験的外科医としての軍隊での輝かしいキャリアの後でゴーマンがコロラド州立大学に着任したとき、整

形外科学研究室を設立しようとして彼はコロラド州立大学の獣医薬局が無痛法のための麻酔薬を持っていないのを発見しショックを受けた。「それは何のために必要なのですか？」と彼は聞かれた。彼の実験は痛みを伴うので、動物のペイン・コントロールをする必要があるからだと彼は答えた。「それじゃあ、アスピリンでも与えておけばよいでしょう」と、彼はあざけるように告げられたのだった。

実験に使用される動物への道徳的義務についての集中的な議論の後私たちは、実験動物保護の基準を与える法制化を推し進めることを決心したのだが、それは驚くべきことに、そのような法律がまったく存在していなかったからだった。1970年代において、第二次世界大戦後から、実験に使うため、動物収容所から動物を得ることさえ許されており、教育や実験室で使用される動物には、まったく何の保護もなかった。一般に生物医学的リサーチコミュニティは、第二次世界大戦から1960年代まで、研究過程へのどんな法制化の侵入にも、成功裏に反対しており、彼らは倫理的問題としてではなく科学的必要として動物実験を描き、また動物実験に道徳的疑問を提起するものたちを「動物を愛し人を憎むもの」として描いていた。

しかしながら1960年代半ばにはふたつの出来事によって、少なくとも表面的に動物研究に対応することが議会にとって政治的に必要となった。出来事はこうであった。米国農務省（USDA）の公式の歴史だ。

1965年の7月、ペッパーという名のダルメシアンが裏庭からいなくなり、後に家族によって、ペンシルヴェニアから来た動物業者のトラックから、犬と山羊がおろされている写真の中に、家族によって発見された。その家族は、ペッパーがニューヨーク州で犬業者に売られたのを発見した。この家族がその業者と対面したとき、彼らは敷地に入ることを拒まれた……この出来事は、その犬業者があった郡の議員レスニックのオフィスに電話させることになった。しかしながらレスニック氏の仲裁も失敗した。犬の家族を業者が認め

165

ないことに怒って、レスニック議員は、このような間違った行動を防ぐための法案を提出することを決めた。ペンシルヴェニア州警察からの圧力は、ペッパーが本当はニューヨーク市の病院に売られていたことを認めさせることになった。最終的にペッパーは、実験に使われ安楽殺されていた。しかしながらペッパーがいなくなったことは、いくらかの上院議員たちに衝撃を与え、将来このようなことがおこるのを防ぐ法案を提出させた。

レスニック議員の法案は下院に提出され、それは犬や猫の業者と実験室に、犬猫を購入するにはUSDAによって免許を与えられ、査察を受けた者でなければならないことを義務づけるものであり、また農務長官によって設立された人道的基準に適合することを義務づけるものだった。下院議員ワレン・マグナソンと上院議員ジョゼフ・クラークが共同で発起人となり、同様の法律は上院にも提出された。

マグナソンによると：

商務委員会は今朝、何百万人ものアメリカ人を心配させた問題についての、最初の2日間のヒアリングで始まった。それはつまり窃盗によってペットを失うことからペットの飼い主を保護することについて、そして業者の手にある動物たちが人道的に扱われる保証についてだった。

今日私たちの前にあるこの問題は、動物研究のメリットやデメリットについてではないということを、私は強調したい。私たちはペット泥棒、つまり猫泥棒、犬泥棒を阻止することに関心があり、実験室に行く動物たちをその商取引の間保護することに関心があるのだ。

私はいつも自分を医学の友だと考えてきた。しかし私たちは、重要な研究だとしても、同時に子供のペットを盗むことや、平気で悪事をはたらく動物業者の成長を促進するような研究上の必要を許せるとは考えられない。

彼らが提案した両方の法案が反対にあった。しかしながら、その法制化が失敗するのを難しくする他の出来事が起ころうとしていた。議員で農務委員長だったW. R. ポージによって開かれた議会の法案についてのヒアリングが行われている間に、*Life* という雑誌に、警察による強制捜査の間、スタン・ワイマンによって撮影された写真つきの記事が掲載されたのだ。それはメリーランド州警察が手入れをしている間、業者の施設において犬の虐待を記録したものだった。それに反応した人々の叫びが、法制化反対者に、法案を廃案に追い込むよりも、彼らの立場を修正し、研究施設の免除を求めようとする方向に向かわせた。上下両院で法案は最初研究費のための税金免除によって弱められたが、上院議員マイク・モンロニーは、実験動物を含むように再建する修正案を準備した。この修正案を廃案にしようという試みにもかかわらず、国中の新聞が社説でモンロニーの修正案を支持した。最後には、上院商務委員会の法案は上院で成立し、1966年8月24日にその法案が法律になるように署名した大統領リンドン・ジョンソンに送られた。その法案は、公法89-544となった（USDA-動物と植物の健康調査サービス、「動物福祉法の法制史」）。［原書にはウェブサイトが載っているが、現在は利用できない］

　私たちがこの法制化において、本質的に合理的な動物倫理を扱うことに近づいてさえいなかったことを覚えるのは、非常に重要だ。これらの法律のための恥ずかしげもない理由は、人の感受性を守ることだったのだ——すなわち、人々の愛する所有物、彼らのペットについての心配であって、誘拐された犬や猫の心配でも、実験をやめさせることについての心配でもなかった——人々のヒステリーを鎮めるのが目的だったのだ。さらに、ワイマンの写真はアメリカ人の犬を愛する心を撃った。とくにかろうじて骨を包んでいると言っていいほどやせ衰えたイングリッシュ・ポインターが業者に抱かれている、殺風景な夜の写真は、大きな感情的反応を駆り立てずにはいなかった。

　合理的倫理的内容という点から実験動物福祉法を見るとき、冷静にさ

167

せられる。私が学生に言っているように、もし私が1年生の動物倫理の
クラスで、法律を書くよう言ったとしたら、この1966年の法律のよう
な書類を受け取るだろう。私は躊躇なくそういう学生を落第させるだろ
う。まず、この法律は実験「動物」を「生きている、または死んでいる
犬、猫、サル（人以外の霊長類）、ギニアピッグ、ハムスター、ウサギ」
と定義している。とくに不充分なのはその統制から、ラット、マウス、
鳥、農場動物、馬といった、食料や繊維の研究に使われる動物が排除さ
れていることだ。ラットとマウスは概ね実験動物の90％以上を占めて
いることを思えば、これは包括的な実験動物福祉法とは言えないのだ。

　加えてこの統制は、「動物」とは上に挙げられている動物に加えて「［農
務］委員が決定するほかの恒温動物が、研究、試験、実験に使用される、
あるいは使用されるよう意図され得る……」と述べているのだ。この不
合理ははなはだしい。この法律は長官による決定（つまり法発見）を権
威づけており、どの動物が研究に使われるか、どの動物が含まれるかを
規定し、また決定の規制におけるように、実際には使われているある種
の動物たちが含まれないことを規定しているのだ。

　驚くようなことではないが、このリストに含まれている動物たちは、
人々に美的にアピールするものだった。あるUSDAの調査官が1970年
代に私に言ったように、彼は死んだ犬の「虐待」をした研究者や業者に
罰を与えることはできたが、ネズミの頭を齧ってそれをゴミ箱に吐き出
すような研究者に対しては無力だったのだ。

　この最も倫理的に不健全な「動物」の定義との関連において、法律の
射程についての非常に制限された概念が出来上がったのだった。

　　［農務］長官は、業者による、そして研究施設による動物の人道的
　調教、ケア、取り扱い、運搬を統制する基準を定立し発布した。こ
　のような基準は、住居・給餌・給水・衛生・換気・極端な気候や温
　度からの退避場所、種による分離、そして適切な獣医学的ケアの点
　から見た最小限の要求を含んでいる。前述のものは、このような研

究施設によって実験施設と定められているところによる、研究の実施あるいは実験の間の動物の調教・ケア・取り扱いの基準を定めることについて長官を権威づけるものとして解釈されないだろう。

別の言葉で言えばこの法律は、「実際の研究あるいは実験中の動物の調教・ケア・取り扱い」についての基準を定めることなくして、実験動物福祉を意図していたのだ。これは、同棲や前戯は含むが性交渉については何も書いていないセックス・マニュアルに意味深くも類似している。1970年にこの法律は改定され（動物福祉法 P. L. 91-579 と改名され）研究施設による実験中の麻酔、無痛法および鎮静の適切な使用についての保証を含むようになった。しかしながら、ばかばかしいことに、この統制的要求は、実際には痛みのある研究をしていたにもかかわらず、年間報告書の中で研究施設が、麻酔、無痛法、鎮静法の必要を認めなかったと主張すれば充足されるものだったのだ。

私たちの法律起草グループは、これを研究における動物利用に道徳的チェックを作り出すものとして見たが、最も重要な点は、もし動物が痛みを引き起こすような方法で使用されるならば、痛みをコントロールすることが法的に命じられたことであり、実際時として不十分な取り扱いや、ストレスと痛みをコントロールしないで導入された妥協した研究が行われたら、（1）研究における動物利用を制限しないと主張するリサーチコミュニティの人々、（2）すべての研究を禁止せよという動物の弁護人たち、の間をとってジレンマをかいくぐる道が、私たちには開いていた。社会は全体として、これらの人々の中間にあると、私たちは推測していた。

1976年から1980年にかけて、ついにコロラド州議会に行くまで、私たちはこのモデルで法律の草案を作った。その議会で私たちはすぐに否定されたのだが。私たちの立法は、農務委員会の外では決して成立しなかった。ふりかえってみると、コロラド選出のアメリカ代表パット・シュレーダーが近づいてきたとき、私たちはナイーブだった。彼はこのよ

うな立法はひとつの州では機能せず、連邦法である必要があるので、私たちのために彼が連邦議会に持っていくと提案してくれたのだ。

　私たちの法案が通るまでの、続く5年間に、私たちは多くを学んだ。まず最初に、私たちの期待とは逆に、リサーチコミュニティは動物の適切な取り扱いについて保証しようとするどんな立法にも、絶対的に完全に敵対するということを学んだ。医学的リサーチコミュニティには誰でも動物使用の倫理について問いを提起する者を「反科学」「反人類」「反進歩」「反生体解剖」主義者とみなす長い伝統があった。それで、ひとつの本の中でこの立法の概略を述べるために、New England Journal of Medicine の査読者によって、ナチスと研究破壊者の弁護人として私が呼ばれたのだった。それはまるで、リサーチコミュニティにとっては、医学の進歩を止めるために私たちが突進してくるかのようだったのだ。科学的思考は力強くゆるぎないイデオロギーによって導かれており、一般に科学は「価値から自由」で、特別に「倫理から自由」だと宣言しており、このイデオロギーは動物の思考・感情・意識・痛みについては経験的に知ることができないものとして不可知論を要求しているということを、私たちは除々に学んだのだった。皮肉なことに、動物研究の反対者も、「科学の現実を受容する」ことに身を売る裏切り者と私を呼んだひとつのパラダイム・ケースにおいて、同じように熱心に私たちを攻撃した。後者の主張は、急進的な見方に根ざしており、それによると動物虐待は漸増反復によっては治癒されえず、革命的な変化を要求するのであった。有名な活動家のヘンリー・スピラは、動物利用に反対する動物利用廃止論者だとはいえ、アメリカ史上すべての社会的革命は漸増的に起こったのだと指摘した。私たちは、自分たちが地歩を得ているという信念について、実験動物をより人道的に扱うことを保証することを一般社会が支持しているという信念について、かなり確実だった。それにもかかわらず、私たちは、医学的コミュニティがこのような力のあるロビーを持っていて、私たちに反対しているとしたら、困難な闘いをしているとあからさまに告げられていた。私たちは説得的にまた綿密に、私た

ちが規則を作るために提案するすべての準備を正当化する必要があった。

　私たちの法案の根は、痛みと苦しみのコントロールだったが、後者は恐れ・寂しさ・退屈といった否定的感情の状態を包含している。私たちはまた、もしある処置が人を傷つけるなら、動物をも傷つけると推測されるという概念の承諾を命じた。リサーチコミュニティは、痛みはすでにコントロールされていると怒り狂って主張した。私が議会の前に立ったとき、私たちは1982年に動物の無痛法についての文献調査を行ったことによってこの虚偽を証明した。その結果は？　学術誌にはただ2本の論文しか載っておらず、ひとつの論文は論文が必要だと言っていた。このようなペイン・コントロールを無視している証拠は無視されえなかった（その法律は有効であり続け、無痛法の必要性についての気づきは増大していった。それは私がおよそ30年後に同じ検索をやり直したときに、ほぼ1万3000本の出版された論文を発見した事実によって証明されている）。

　第二に、痛みと苦しみのコントロールを命じることに加えて、私たちが提起した法案は、科学者の間にある倫理と心的状態についての不可知論の堅持を打ち破ることを意図していた。今ではIACUCs（動物実験委員会）というなじみのある略称によって知られている制度的なアニマル・ケアと動物利用のための委員会を要求することによって、私たちはこれを行った。この委員会は、科学者と科学者でない人を含んでおり、すべての計画を将来を見据えて審査し、動物の適正な数（多すぎても少なすぎても認められない）、痛みと苦しみ、実験のデザイン、種などの観点からそれらを議論するものだ。このように義務づけられた議論は、そのイデオロギーを減ぼすのを助けるだろうと私たちは感じた——そしてそれはそのとおりだった。委員会はまた、すべての教えと審査された施設と実験計画を、すなわちその提出された研究計画と教育計画を審査した。私は1980年以来他の上級教員とともにコロラド州立大学の動物実験委員だ。

171

第三に、「すべての」実験動物（ラットとマウスを含む。歴史的に動物福祉法から排除されており、またリサーチコミュニティの努力に感謝すべきことには〔皮肉〕依然として排除されている）は、その生物学的心理学的必要と性質にみあった方法で住まわせられ、保たれなければならないということを、私たちは法案において提案した。不幸なことに議会はこれを認めたがらず、犬にのみ有効とする代わりに、人以外の霊長類への環境の整備については「心理的ウェルビーイングを高める」とした。

　他の整備には以下のものが含まれる。麻酔薬なしで麻痺を起こす薬を使わないこと。ひとつの仮説を試験するために正当化されるのでなければ、複数回の手術は禁止されること。動物福祉サービスは国立農業図書館に設立されようとしていること。研究施設は、実験における人道的実践について制度を作り研究者とスタッフのトレーニングを監督することを要求されること。

　これに加えて、USDA（動物福祉法とこれらの修正条項を強制した）は、アメリカ国立衛生研究所（NIH）とともに、努力を共有しようとしていた。それは歴史的には1960年代にはじまり、実験動物の適切なケアと利用のための良いガイドラインを持っていたにもかかわらず、それらを強制することに失敗していたのだった。私たちの修正条項と同時に、NIHのガイドラインは実際に法律となり、両方とも1987年に施行された。

　USDAがラットとマウスを動物福祉法に含むように後で計画したとき、とても反動的な動きにおいてだったとはいえ、事実上、研究に使用されるすべての脊椎動物は、どちらかの新しい法律でカバーされ、アメリカ生物医学研究学会、生物医学研究のロビー・グループのチーフは、2002年に上院議員ジェシー・ヘルムスに、ラットとマウスはこの法律の目的でないと宣言する法案を提出することを納得させた。喜ばしいことに、それ以来、それは彼らを人々の目に奇妙に映らせると多くの科学者が感じているように、科学的コミュニティにおいてこのような動きは

あまり人気がない。それにもかかわらず、それは優勢なのだ。

その法律は、とくにそれを解釈する規制は、USDAの動物および植物の健康調査サービスによって、そしてより少ない程度にNIHによって成立したのだが、この小さな素描から見えるよりずっと複雑なものだった。たとえば手術、獣医療的ケア、心理学的ウェルビーイングなどなどについての詳細なルールがあるのだ。しかし少なくとも概念的には、これらの法が動物倫理における実に革命的な突破だった理由を理解するのに充分な程度だということを、私たちは今知っている。

まず最初に、上述した1966年の法におけるばかばかしい言明は大きく修正された。1966年の主張は、まだ残っている実際の研究行為に対するいかなる法的コントロールにも関与していなかったとはいえ、その手続きは、その主張とは逆のことを明白に命じていた。同様に、動物福祉法の修正条項とヘルムス法は、ラットとマウスの法的保護を否定していたにもかかわらず、NIH法は、まだ除外された文脈があるとはいえ、すべての連邦から補助金を得ている機関を、ほとんどの設定においてカバーするものだった。生物医学に使用される農場動物は明らかにカバーされ、多くのIACUCsは、農業研究においてさえ、痛みの生物医学的レベルでのコントロールを要求している。多くの委員たちが、頭足類のような無脊椎動物にも痛みのコントロールを適用する。たとえばタコには、痛みも苦しみさえ存在すると信じるに足る優れた科学的理由がある。

加えて法は、倫理と科学の間に急進的な分裂を作り出すそのイデオロギーを顕著に侵食してきた。実験計画審査は、時間とともに不可避的にますます洗練されてきた本質的な倫理的議論であふれている。私が自分の機関の委員会を1980年に始めたとき（自発的に、議会に対してこのようなシステムが機能することを示すためだった）、私たちは20の実験計画をランチとおしゃべりを含む90分の会議でカバーした。今同じ数の計画書には、3〜4時間が費やされ、ひとつの論争を呼ぶ計画書には、ひとつの会議全体を使ってしまう。さらに、委員会の科学者は、現在のシステムは彼らの（外部規制に反対する）自己規制の最後のチャンスだ

ということを理解しており、機関全体が連邦の研究補助を失うことが法に従わないことの制裁でありうるということも理解しているのだ。その結果、ますます科学者が動物のケアをし、問題を真面目に受け取るようになり、このシステムをすり抜けようとする少数の科学者に対する委員会の敵意が増している。NIHの同僚は、この法律が1987年に有効になって5年以内に、数人の委員が費用対効果問題を、この法律自体はそのような議論を命じていないとはいえ、動物の苦しみという観点から議論していたと言いさえした。ほとんどの動物実験計画書が拒絶されるとはいえ、多くの動物実験計画書が動物の利益のために修正される。これらの法律の残された最大の問題は、依然として、動物福祉にではなく遂行される科学に優位性が与えられていることだ。私たちはこの不均衡を修正する方向での運動について、まもなく議論するだろう。

　はじめからこの法律が、動物の精神とくに痛みについてのイデオロギー的否定を侵食してきたことは明白だ。動物の痛みについての所与の知識は、この法律が通過したときほとんど存在しなかった、USDAは賢明にも痛みのコントロールを強制することに集中したのだ。それはようやく1990年代半ばのことで、一度痛みのコントロールが堅固に確立されたので、大多数の若い科学者と大学院生は動物の痛みを自明のものと認識し始め、動物の痛みについての論文も膨大な数になり（それは今も幾何級数的に増加している）、USDAは言及している——賢者に対する言葉として——たとえ最初は痛みに関する事例だったにせよ、やがて「苦しみ」を観察記録するようになり、人々は未だに手探り状態にある、と。今日でさえ、USDAが懸念する苦しみにはほとんど焦点が当てられない——科学的イデオロギーの影だ。

　この法案の草稿を書くにあたって、私たちのグループは、この法律の役割はヴィトゲンシュタインが彼の哲学について言ったことと類似したものであるべきだということで一致していた——それは科学者が、以前の敵対的立場を超越すること、そして研究倫理および動物の痛みと苦しみについて、そして歴史的に未知の分野であったことについて、日常的

に交渉するようになることを許す、あるいはむしろ強制する教育的はしごであるべきだということだ。この法律が施行されてから30年以内だとしたら、私たちの目的は、達成途中の良い位置にありそうだ。究極的には、今は法律に規定されていることが、第二の天性となるような、そして常識と良識を再度ふさわしいものとするような科学者の世代を生み出すことを、私たちは望んでいる。

　数年前、米国実験医学学会で私は基調講演をしたのだが、これらの法律は機能しないと議論するひとりの有名な科学者と討論した。彼の証拠は何だったのか？　彼自身の研究計画書のいくつかが彼の機関の委員会によって、痛みを与えすぎるということで落とされており、彼は研究のいくらかを先に進めることができなかったのだ。彼はこの点について断固として譲らないようだった。7年後私はある実験獣医師に出会ったのだが、この人は自分の属する施設においてこの法律を遵守することを確実にするよう要求した人だった。例の科学者は今、この法律を科学活動のために本質的だと考えており、尊重されるべき正当な社会的懸念を反映するものだと考えているということを、彼は教えてくれた。彼は正しい。1970年代と80年代における科学者による動物の取り扱いに対する人々の不信を反映した社会的動乱は、減少してきた。動物の倫理的扱いを求める人々の会（People for the Ethical Treatment of Animals: PETA）の暴露と、その残虐性ゆえに彼自身を起訴にまで追い込んだ研究者エドワード・タウブによるヒヒの間違った取り扱いについての他の活動家の暴露（1981）、ペンシルヴェニア大学頭部外科学研究室での凶行（1984）、そしてホープ市の研究の一部が間違った行為だったと暴露されたこと（1985）のすべてが、私たちの法律の条文の原動力になったのは疑いない。ペンシルヴェニア州の研究者自身によって撮影されPETAによって作られた革新的で忘れがたい映画「不必要な大騒ぎ」（1984）は、私たちの法律の条文にとっての主たる推進力だと考えられる。

　実際、カリフォルニア州選出の下院議員ヘンリー・ワクスマンは、私が1982年に彼の委員会で証言したとき、議会はある問題についてこの

ように均一な人々の懸念をほとんど経験したことがなかったので、たとえ私たちの法案が医学的リサーチロビーのためにその年に通らなくても、2〜3年以内にはかなり確実に通るだろうと言った。そして、とくに霊長類の使用という領域で、ときどき燃え上がることがあったとはいえ、この法律の条文が、野蛮な研究や動物の誤った扱いをメディアが継続的に扱うことを減らしたことは、相関的に明白だ。

　多くの動物福祉弁護者は、研究における動物利用の代替を迫っている。しかしながらこの法律は、単に研究者が代替案を探ることを要求していた。ウィリアム・ラッセルとレックス・バーチの、動物使用の代替案についての有名な言葉を使うなら、私たちは3つの代替的アプローチを認識するだろう。動物を動物でないものに代替すること、使用される動物数を削減すること、そして動物使用を洗練することだ。短いスパンにおいては、この法律は、以前には無視されていた統計的正確さへの研究者の注目に焦点を当てることによって、「削減」に最も影響するだろう。公正に言うなら、委員会はときどき動物のサンプルを統計的に不適切と判断し、より多くの数の動物を必要とすると言うが、それは動物の数が少なすぎると結果が無効になってしまい、使用された動物が無駄になってしまうからなのだ。コロラド州立大学における、私たちの動物実験委員の一人は、私たちの委員会がしばしば命じるこの皮肉な「動物数の法」を次のように言い表した。彼らの実験計画書が、ラットやマウスのような安く買えて安く世話のできる動物を使うときには研究者が要求した動物数の削減を求め、逆にそれが高価で世話にもお金がかかる――馬や牛のような――ときには、研究が統計的に類似していたとしても統計的信頼性のために動物数の増加を委員会はときどき要求する、と。

　おそらく削減よりもっと、この法律は処置の「洗練」に焦点を当てており、注目すべきことに、苦しむ可能性のある実験動物を適切な時期に安楽殺することを要求している。すなわち、早めの「［人道的］エンドポイント」が本当のエンドポイント同様あらかじめ定められているのだ。不幸なことに、感染症研究におけるエンドポイントは、依然として非常

に遅く設けられている。同様に1970年代に私が見た［実験動物に作られた］腫瘍は、動物自身よりも大きかったのに対して、今日腫瘍のサイズは厳しく制限され小さくなっている。

しかしながら、動物活動家たちは動物の「代替」を最も望ましい選択肢として好む。不幸なことに、代替は困難で、膨大な研究費と膨大な確認作業が必要とされる。科学は、歴史的に最高水準の材料——それが本当にそうであろうとなかろうと——たる動物を置き換える前に、別の方法の有効性の完全な証明について熟考することには保守的になりがちだ。それは、この法律が代替を全然奨励していないということではない。とくに教育においては、侵襲的な動物利用、とくに苦痛を伴う利用は、おおいに減少している。かつては複数回の手術をしたり動物を中毒にしたりしていたのに対し、教育のための致死的手術は減少しており、［動物実験］委員会はますます「どうして代わりに動画にできないのか？」と尋ねるようになっている。有名な例は出血性ショックの実験で、医学および獣医学の学生は、動物の血を抜いて死への諸段階を観察することを強制されたものだが、かつては遍在していたこのような実験はほとんどの医学部と獣医学部において今日動画かコンピューター・シミュレーションに置き換えられている。

要約すると、科学者がしていることを、社会が倫理的立場からどう考えるかを反映するものとして、この法律は科学的コミュニティのために継続的メカニズムを供給していた。ここまで言ってきたことは、警告に聞こえる必要があり、この法律がまだ完全からは程遠いものだという事実に注意を向けさせる必要がある。最高でも、これらの法律は、倫理的進化のまったく最初のステップを代表しているだけなのだ。そしてこの法律の草案を書いた私たちは「自己規制を強める」ことに意を注いできたのだが、あるオーストラリアの社会学者が言ったように、連邦レベルでも研究機関レベルでも、単なる規定が不幸にも容赦ない官僚制的拡散によって膨張させられることは不可避だ。コロラド州立大学が私たちの提起した法律によって命じられて導入したこのシステムは、かつてプロ

グラム全体を管理するひとりの事務アシスタントに完全に頼っていた。今日規正法遵守オフィスは、15人以上の人を雇うほどに成長し、完成し充分巨大化した官僚制とともに研究者の人生を惨めにしているが、これは絶対的に動物利用の倫理的進歩には何の変化ももたらしていないのだ。

　動物研究から現れてくる倫理的問題とは何だろうか？　プラトンもヘーゲルも、少なくとも道徳哲学者の仕事の一部は、個人と社会において生まれつつある不完全な思考パターンを引き出し、言い表すことを助けることだと論じている。この概念にしたがって、1970年代に数人の哲学者たちが、一般に人の動物利用についての道徳的留保の多くを明示することを開始したが、それには研究や試験における侵襲的な動物利用が含まれており、したがって徐々に社会に発展していた動物利用についての道徳的不安が引き出されるのを助けた。この仕事に最初に取り組んだのは、ピーター・シンガーだ。1975年の『動物の解放』におけるひとつの章で彼は、進んだ科学的知識のために動物を害することについての道徳的許容可能性を含む膨大な動物利用についての道徳的正当化に挑戦した。シンガーの動物研究についての議論は、このような動物利用について広く流布していた社会的留保を言い表し、この本は今でも出版され続けているのだ。1982年には私の『動物の諸権利と人間の道徳性』が、研究において動物を傷つけることの道徳性について再度挑戦し、またこのような動物たちには「ケアとハズバンドリー」では不充分だと指摘したのだが、それは動物たちを、研究の一部だというだけでなく、多くの場合その目的にすら反するさらなる苦しみに導くものだからだ。これに続いてトム・レーガン、スティーブ・サポンジス、エヴェリン・プルハーといった哲学者たち、そして他の多くの人たちが、明白に道徳的問題を見るようになったジェーン・グドールのような多くの科学者に助けられながら、動物研究の道徳的問題を際立たせ続けている。

　哲学者が異なれば、異なる哲学的伝統や観点からアプローチすることになるとはいえ、侵襲的動物利用の道徳的受容可能性を疑問視する彼ら

動物実験とテロス

の議論の中に、共通の線を見つけることは可能だ。過去50年の間、社会的傾向から助けを引き出すこと、つまり女性やマイノリティを道徳的配慮の射程から排除することを疑問視し、彼らの利益を充分に保護することの相対的な欠如を疑問視するといったことに似た論理を、これらの哲学者たちは動物の扱いについて応用した。

　まず、道徳的適切さの相違は、人と少なくとも脊椎動物の間には現れないということが、私たちに道徳的配慮の全射程にすべての人を含むことを許すのに、このような道徳的地位は動物に対しては否定されるのだ。ふたつの存在の間の道徳的に適切な相違は、道徳的責任を担うなんらかの方法で彼らに異なる扱いをすることを合理的に正当化する相違だ。もし2人の学生がテストとレポートで同じ成績をとり、同様の出席状況と授業への参加状況を示していたとすれば、教員には彼らに同じ最終成績をつける道徳的義務がある。ひとりは青い目でもうひとりは茶色い目だということでは異なっているかもしれないが、彼らに同じ成績をつけないなら、それは道徳的に適切ではない。

　道徳的な領域から動物を排除することを提案する標準的な理由を哲学者たちは示してきたし、私たちが人間の扱いを調べる場合と同じ道徳的カテゴリーと方法によって、動物の扱いを調べないことを正当化し、道徳的適切性を試験しない理由を正当化してきたのだ。「動物には霊（魂）がない」「動物には理性がない」「人は動物より力がある」「動物は言語を持っていない」「神は私たちがしたいことを動物に行えと言った」などの歴史的に神聖化されてきた理由は、私たちの道徳的熟考において動物の利益を推定し損ねることには、何ら合理的基礎がないことを示してきた。というのは上記のいくつかの宣言とともに、ひとつのことが人と動物の間の相違を強調するかもしれないが、私たちが人を傷つけるときのように動物を害することを正当化する「道徳的に適切な相違」は強調しないからだ。たとえば、もし私たちが、人が動物より強いという基礎のもとに動物を害することを正当化するなら、私たちは「力は正義だ」ということ、つまり道徳性は大きな尺度においては乗り越えられるとい

179

う原理を、本質的に主張していることになる。同様に、動物が理性を欠いているという理由で、もし私たちが自分の利益のために動物を害することを許されるなら、もうすぐ見るように、同じ論理を非理性的な人に拡張しない理由はないことになる。そして、動物が人間たちと同じ利益を持っていないとしても、動物が、彼らにとって重要なことが充足されるかどうかという利害を持っているのは常識から明白だ。

　研究によって侵害される動物の利益は明白だ。外科学的研究、毒性学的研究、疾病研究のような侵襲的研究は、確実に動物を害し、痛みと苦しみを与える。しかし、捕われている動物に対する場合、非侵襲的研究でさえも、実験動物が留置されている方法によって生じる痛み・苦しみ・剥奪を引き起こしうる。社会的動物がしばしば孤独な状態に置かれている。借りてきた動物は、ステンレス・スティールやポリカーボネイト製のケージに入れられている。そして一般に、動物の力と協力する能力の正常なレパートリーは——私はそれを彼らのテロイあるいは本質と呼ぶのだが——阻害される。実際、指導的な実験動物獣医師で、前 NIH 動物行動学者のトム・ウォルフルは、研究に使われる動物はおそらく、研究のために留置される方法によって、研究において彼らがさらされている侵襲的な操作よりもっと苦しめられていると、説得的に論じている。

　社会が判断と調査のために発展させてきた人の扱いについての共通の道徳的機構は、たとえこのような使用から社会の残りの人々にとって大きな利益がもたらされるとしても、インフォームド・コンセントなしに人々を侵襲的な研究に使用することを許さないだろう。たとえ使用される人々が認知的に不自由な人々——幼児・精神病患者・高齢者・知能の低い人・昏睡状態の人などであってもだ。私たちの倫理におけるこの要素の把握は、多くの哲学者に、人は動物を従わせてはならないと議論させたのだ。もしそれが、知能の低い人あるいは他の知的障害のある人で行うことについて社会的に道徳的受容の準備ができていない実験計画書でも同じことだ。実際、知的に不自由な人と多くの動物との間に道徳的に有意な相違は現れない——両方のケースにおいて私たちが、問題の生

き物にすることは彼らに痛み、苦しみ、苦悩する能力があるので彼らにとって重要だ。実際、正常で意識のある大人の、人以外の哺乳類は、昏睡状態の人や重い知能の遅れを持った人よりも、あるいは人の幼児よりも、ずっと広い利益の幅を持っているようだ。

　実際私たちが認知的に不自由な人々に対する研究を行う場合、彼らの同意を可能な限り獲得することなしには、あるいは彼らが同意できない場合彼らの利益をとくに守るよう任命されている後見人の同意のようなものがなければ、研究することができない。これは常にそうだったというわけではない——貧しく教育のない田舎のアフリカ系アメリカ人に対して1932年から1972年まで40年間にわたって行われた悪名高いタスキーギー梅毒実験の例がある。被験者はただ、政府が彼らに「無料のヘルスケア」を与えていると言われていた。しかし彼らは、それが梅毒を治すと証明された後でさえも決してペニシリンで治療されなかった。連邦政府が人間を使った研究に厳しいルールを命じることによってタスキーギーの暴露に反応するまで、事実を知らされていない人への膨大な侵襲的研究が20世紀を通じて行われてきた。

　先に詳しく考察した、私たちが動物をどのように留置するかの結果として、動物の基本的利益の侵害が見られるように、このようなポリシーを動物に適用することは、たとえこういった研究の大部分が非侵襲的だったとしても、捕らわれている動物に対する現在の研究の大部分を妨げる。さらに哲学者スティーブ・サポンジスは、ある動物が研究の一部に同意しているかどうか決定するための方法を持っていると、指摘している。ケージを開くのだ！（しかしながら注意しなければならないのは、ある動物がケージから逃げるのに失敗したからといって、必ずしも実験に同意していることにはならないということだ。動物に学習性無力感が引き起こされている状態では、動物はほとんど逃げることができないかもしれない）。

　上の議論は、普通の道徳的良心からの推定だが、心理学の研究に使われる動物のケースには、さらによく当てはまる。そのような研究におい

て人は動物を、人に現れる不快な心理学的あるいは心理生理学的な状態のモデルとして使用している——痛み・恐れ・心配・中毒・攻撃性などの。ここで人は、心理学者のディレンマと呼ばれてきたものを生じさせうる。もし動物に適切な状態が作り出されるなら、それは人の同じ状態に類似しているというのだが、なぜ私たちには、人にそのような状態を作り出す資格がないときに、動物にはそのような状態を作り出す道徳的な資格があるのだろうか？　そしてもし動物の状態が人の状態と類似していないなら、そもそもなぜその状態を動物に作り出すのだろうか？

　要約すると、人の利益のための研究において、害し、痛みを与え、殺し、苦しめるような方法で動物を使用する資格はどこから人に与えられるのだろう？　人のための社会的倫理の論理は、そのように人を使用することを許さないのだ。私たちは囚人、認知的に不自由な人、望まれない子供、危険なサイコパス、あるいは社会的に価値が低いとされる人などを、インフォームド・コンセントなしに、多数派の利益のため、あるいは社会全体のためになるからといって、侵襲的な方法で使うことができない。研究者は、タスキーギーの実験すなわち黒人男性の囚人をインフォームド・コンセントなしで使用した梅毒研究に責任がある。このような人々は、普通の市民より価値がないとされ、したがって彼らの利益は多数派の善のために犠牲にされうると議論されたのだった。これらの議論が断固として拒絶されたことは、1970年代に研究の性質が暴露されたときから知られており、実際、研究対象に人を使用することについての詳細な連邦の規制を促したのだった。

　私は先に、功利主義者としてピーター・シンガーが動物研究の道徳的批判をする際、喜びと痛みに焦点を当てていることに注意した。これも私が示唆したように、このような批判はあまりにも単純すぎる。どのくらいの動物が侵襲的研究に用いられるのか誰も確実でないとしても、というのは連邦の動物研究調査にはラット・マウス・鳥類は含まれないからだが、リサーチコミュニティ自身が見積もっているところによると、10％ほどの動物だけが痛みに苦しむような使用をされている。しかしな

がら、私たちが本書を通じて強調してきたように、動物の苦しみは肉体的痛みに制限されないし、功利主義者がするように、ひとつの尺度で測定可能でもない。実験動物は、もし彼らが彼らのテロイによって決定された様々な状況に置かれていなければ、苦しむのだ。夜行性の動物はしばしば24時間周期の光の下に置かれるが、もし研究室の状況下で配慮するとしても、その動物が生きるように進化してきた環境とはまったく違うのだ。社会性のある動物がしばしば孤独な状態に置かれる。動物たちが普通に歩きまわる空間的境界は、実験室では決して尊重されることはない。普通母親から離乳したばかりの子牛も、その事情を決して尊重されない。普通の運動の自由は、そもそも捕らわれているので、尊重されない。私たちが先に見たように、コヨーテのような動物は、罠にかかると運動の自由を取り戻すために自分の足をかみちぎる。この例からわかるのは、彼らにとっては肉体的な痛みよりも運動の自由の方が重要だということだ。

　おそらく上に詳述した一連の理由のために、研究に動物を使用することを弁護する著作は、それを批判する著作より少ない。研究における動物利用のための体系的正当化を提供しようとしたひとつの著作、マイケル・A・フォックスの『動物実験を論じる（*The Case for Animal Experimentation* (1986)）』は、出版から数か月以内に著者によって撤回された。それにもかかわらず、動物研究の擁護者によってしばしば用いられる議論がある。それらの中の第一のものは、利益からの議論であり、動物実験を疑問視することを要求するような道徳的配慮は、人にだけ適用すべきであり、認知的に不自由な人を実験に使わないための議論だというものだ。

　動物実験を擁護する第一の議論は、以下のようなもので、利益から議論すべきだというものだ。動物を使った研究は、新しい疾病・新しい薬・新しい手術処置と密接に結びついていて、それらすべては人間にも動物にも利益をもたらすというものだ。これらの顕著な結果とそれに付随する利益は、動物を使用しない限り獲得できない。したがって動物実験は

正当化される、というわけだ。

　動物を使った研究の批判者は、この議論をおそらく二つの方法で攻撃するだろう。まず、前提と結論のつながりを疑うべきだ。侵襲的な動物利用からたとえ顕著な利益が蓄積されるとしても、そしてそれらの利益が他の方法では達成できないとしても、それでそのような使用が正当化されるわけではない。たとえばある人たちが議論するように、低体温症の領域と高地医療において行われた、実験を望まない人を用いたナチの研究が顕著な利益を生み出したことを考えてみればよい。だからといって私たちが、このような人の利用を正当化可能だと考えることにはならないのだ。もちろん私たちはそうしない。実際リサーチコミュニティには、「それを使うことでどれほど大きな利益があろうとも」このような実験からのデータを決して利用したり引用したりすべきではないと議論する顕著な数の人々が存在するのだ。動物を利用した研究の弁護者にとって、この反論を負かす唯一の方法は、人と動物の間に道徳的に然るべき相違を見出すことで、それによって私たちの社会的合意の倫理の道徳的配慮を動物へと拡張することをやめさせるほかない。

　第二にその第二の前提において人は、問題の利益は他の方法で達成できないのかという疑義を呈することによって利益からの議論を攻撃できる。これはナチスが第二次世界大戦に勝利していたら世界がどのようになっていたかを推測することは難しいのと同じ理由で、証明が極端に難しいのだ。私たちは、動物研究の道徳性についての社会的配慮が積みあがり、研究における動物利用についての私たちの議論においてリストアップされた諸目的の多くを達成するための他の方法が見出されるのかどうか知らないのだ。

　人を侵襲的に利用するのを防ぐ唯一の蓋然性ある種類の議論は功利主義の議論だが、それはこのような利用がコストより多くの利益を生み出すことを前提しており、それは、社会が断固として拒絶している人を用いた研究について、賛成する主張なのだ。しかしおそらく動物の場合、このような議論は社会的に受容可能だ。その場合、私たちは科学的実験

184

における動物利用についての倫理的配慮の別のレベルへと導かれる。このような利用の唯一の正当化が、それがもたらす利益だとしたら、その利益が動物の払う犠牲（費用）よりもずっと重いときにだけ許されることになり、実験において許されうる唯一の動物利用は、動物の犠牲より大きな利益が人に提供されることが明白でわかりやすい場合だということになる。そしてこれは明らかに現在の状況とは異なっている。動物は痛みのある方法で、顕著な利益を提供しない無数の実験に動員されている。これらの実験は、製品の信頼性についての訴訟においていくらかの法的保護を提供するためだけの毒性試験から、新しい武器を開発する実験や、人の鬱のモデルのためと言われている、動物に「学習性無力感」を負わせる実験（イギリスでは違法だが）、確立した動物のコロニーに侵入する動物が何回噛むかを見る実験、実際的な価値がないように見える知識を拡大するための膨大な他の実験にまで及んでいる。

　普通動物実験を弁護するために使用される第二の議論は、動物実験が人にのみ適用されるものだというのを疑問視することを要求する道徳的配慮の議論だ。このアプローチは本質的に、私が示唆してきたことだが、利益から議論を支える必要性を強化しようとする試みだ。哲学者のカール・コーヘンは、1986年にこのような試みを、*New England Journal of Medicine* 掲載の論文「生物医学研究における動物利用の実際（"The Case for the Use of Animals in Biomedical Research"）」において行ったのだが、この論文は、リサーチコミュニティにおける彼らの立場を最もよく表現していると一般に考えられている。

　コーヘンの主な議論のひとつは以下のように再構成できる（この議論はとくに動物は権利を持っていると主張して動物実験糾弾を基礎づける人々に対して向けられているが、私たちが前に行ったような、侵襲的動物利用に反対する一般的議論にも適用しうる）。充分な道徳的地位を持っていると言いうる、権利を持つ存在だけが、研究による侵襲的利用から守られるべきだ。動物は合理的に思考することができないし、道徳的主張に反応できないなどの事実がある──これら（合理的思考・道徳的

185

主張への反応）は、権利を持つ者たる必要条件なのだ。したがって動物は権利をもっておらず、侵襲的利用から道徳的に守られるべきだと言うことはできない。

　この議論の問題点は複数ある。第一に、権利を持つという概念（あるいは他の利益のために利用されることから守られるべき充分な道徳的地位を持つこと）が、理性的存在にのみ生じるとしても、（そういう存在だけに）利用を制限するということにはならない。アナロジーを考えてみてほしい。チェスはペルシアの王族によって遊ばれる目的のためにのみ発明された。しかしルールそのものに生命があることからして、そのルールを作った人々のことなど無視して、誰でも遊ぶことができるようになった。同様に、権利は理性的存在のサークルで生まれたものかもしれない。しかしだからといって、そのような理性的存在が、その概念を他の道徳的に適切な存在に拡張できないということにはならない。実際、それはまさに理性的でない人の権利拡大において生じたことなのだ。

　これに対してコーヘンは、そのような拡張は、動物には妥当ではないが、理性的でない人は、理性的な種類に属するので、理性的でない人には妥当だと返答している。しかしながら、これに対する明白な反応は、コーヘンの議論自体によって生じるもので、適切に理性的だということは、特定の種類に属するということではない。さらに、もし彼の議論がものになるとしたら、人は仮定によって道徳的に適切な特徴を傲慢にも無視することができることになり、コーヘンの議論を方向転換させられることになる。同じ流れで、人は動物だが理性的で、動物は非合理だが動物なので、ただ動物と人が同じ種に属する（つまり動物だ）ということだけで、私たちは合理性を無視できないと論じることができる。つまり、彼が理性的でない人のための例外を作ることは、道徳的適切性の試験に失敗させ、そして理性的でない人を恣意的に含めるのと同じくらい合理的に動物を恣意的に権利保持者に含めることになるのだ。

　このような戦略に対する詳細な論評や反応にここで着手するのは不可能だ（哲学者エヴェリン・プルアーは『偏見を超えて（*Beyond*

Prejudice)』においてこの仕事に取り組んでいる)。しかしながら、以下の点を簡単に描くことはできる。人々のための私たちの社会的倫理において、道徳的地位（したがって権利）は、人々にとってとても重要なことに基礎を置いている。確かに痛みは人にとってと同様動物にとっても重要だし、道徳的地位に充分な条件を作り出す。第一に、動物が痛みを感じないという、常識と常識的道徳性を納得させるという重い証明責任が存在する。反残虐性の倫理でさえ、動物の痛みを当然とみなしていた。第二に、人が痛みを表現することができ、人における気づきの他のモードの表現もできるのに、動物が痛みを感じないとしたら、それは進化上の奇跡だ。第三に、神経生理学的、神経化学的、行動学的証拠が、人と動物における痛みのように、膨大なアナロジーの道徳的に適切な精神状態が存在するということが、好意的に作用する。第四に、たとえば動物によって行われた痛みの研究を人に外挿する場合のように、もし動物が本当に気づきを欠いているとしたら、多くの科学的研究が損なわれる。

　動物を直接的道徳的地位から排除し、そして動物に対する侵襲的研究を正当化するひとつの可能な方法は、私たちが見てきたコーヘンによる哲学的に洗練された説明だが、それは道徳性というものは理性的存在にのみ適用されると主張する。この立場は、ホッブスに近代的なルーツを持つのだが、しかし実際古代においても言い表されていたし、より最近ではハーバードの哲学者ジョン・ロールズの作品による卓越性が突出している。それは動物の道徳的地位についての疑問に、イギリスの哲学者ピーター・カルーサーズによって直接的に適用されてきた。彼は動物の精神に反対するネオ・デカルト主義の議論を、彼の著書（『動物に関する諸問題（*The Animals Issues*）』）によって押し進めた。充分興味深いことに、カルーサーズの契約論的議論は、彼の動物の精神の否定からは独立している。たとえ動物が意識を持ち、痛みを感じるとしても、道徳性の契約論的な基礎は、動物に実験を行うことの道徳的妥当性に疑問を投げかける必要のある道徳的地位から動物を排除するとカルーサーズは信じている。

カルーサーズによれば、道徳性は、もしそうする機会が与えられていれば、理性的存在が合理的に選択する彼らの交流を互いに管理するために社会的環境の中で派生する一連のルールだ。理性的存在のみが、このようなルールによって管理されうるし、互いに彼ら自身の行動をそのルールに適合させる。したがって、理性的存在のみが、人が唯一の例なのだが、「道徳性のゲームを行う」ことができ、彼らのみが道徳性によって守られうることになる。したがって、動物は道徳的配慮からこぼれ落ちてしまう。動物の扱いを心配する唯一の理由は依存的なもので、ある人々が動物に起こることを心配するということ、あるいは動物の悪い扱いが人々に対する悪い扱いを導くということ（トマス・アクィナスが論じたように）だが、動物自体には何ら道徳的地位に値するものがない。さらに、上の動物の苦しみを心配する依存的な理由は、動物実験を取り除くのに充分な程には重くない。

　カルーサーズの立場にはいろいろな反応がある。最初に、道徳性というものは理性的存在の中の仮説的な契約によって生じるという概念を認めるとしても、そのように理性的な存在が、理性的存在しか含めないルールしか選択しないということがまったく自明ではない。彼らは、理性的存在であろうとなかろうと、消極的・積極的な経験をする能力のあるすべての存在を含めるべきだと決定するかもしれない。第二に、実際今日の社会的道徳においてはこのようなことが生じているように、たとえそのルールが理性的存在のみを含めることを、理性的存在が意図したとしても、そのルールが自分自身の論理と生命を持ち、それが他の存在を道徳的配慮のサークルに追加することに導く論理をもっていないということにはならない。第三に、カルーサーズは、動物の道徳的地位として人のそれと同じものを要求することを前提しているようだ。「しかし」と彼は言う。「私たちは直感的に、動物の生や苦しみが人の生や苦しみに対比して測られるべきだということに嫌悪を見出すのだ」（Carruthers, 1992, 195）。しかし契約論が正しいとしても、動物に対する実験を禁止するための動物の適切な道徳地位と一致しえないというこ

とは、まったく自明ではないし、動物に人と同じ道徳的価値があるなど
と言っているわけではない。さらにスティーブ・サポンツィスは、カル
ーサーズの議論は循環論的だと指摘している（Sapontzis, 1984）。彼は、
このような動物を使った研究を社会契約論に訴えることで正当化してい
るが、研究に動物を利用することが道徳的に許されるという基礎の上に
社会契約論を正当化しているのだ。

　私たちが考えうる動物実験についての最後の弁護は、功利主義的なも
ので、R. G. フレイによってなされた、認知的に障害のある人に対する
実験についての議論だ（Frey, 1980）。前の議論とは違って、これは実験
的な議論で、不安な気持ちにさせる。フレイの議論は本質的に、その頭
に認知的に障害がある人の議論に拠っている。動物は精神に障害があっ
たり、昏睡状態だったり、認知症だったり、狂気をもっていたりする人
に似ているということを、この議論は思い出させる。このような人々に
対する実験は道徳的に嫌悪すべきものだということを私たちが見出すゆ
えに、動物への実験も同様に嫌悪すべきものだということを見出すべき
なのだ。

　フレイの議論は当然この類似を再強化して、実際のところ、多くの肉
体的・知的に健康な動物は、多くの認知的に障害のある人たちよりも、
豊かで複雑な生を持っており、そして「より質の高い」生を持っている
と指摘する。人の利益のために動物に対する研究を正当化する論理（そ
れは、人が動物より複雑な生を、したがってより価値のある生を持って
いることを前提している）は、ある種の動物よりも低い生活の質を持ち、
健康な人の生理により近く、したがってよりよい研究モ̇デ̇ルといえる、
認知的に障害のある人に対してこのような研究を行うことを、確かに正
当化する。もし私たちが、このような研究を認知的に障害ある人に行う
つもりなら、私たちは動物に対する同様の研究を正当化することに近づ
くのだ。

　明らかに、研究を弁護しようとするフレイの議論の力は、その論理に
よって私たちが（暗示的に）動物実験を正当化し、同じ正当化論理を、

どんな道徳的に適切な方法においても動物と異ならない人を使うことにも適用することを絶え間なく追求するという願望に依存している。フレイ自身が確認しているように、（論理的に必然とは言えないが）動物に対してそのような決定に反対するのと同様に、認知的に障害ある人を使って研究することを決定することに反対するという、いくらかの「付随する」効果がある。彼は（理性的というよりは）感情的な、生じうる激論や激怒を引用しており（それというのも人々がこの問題の論理を辿っていないからなのだが）、これに類する他の反応を、他の人々に対する研究へと導く滑りやすい坂道への自動的な恐れとして仮定している。しかし、最終的には、道徳的・論理的というより心理学的な反感は、おそらく教育や、底流する道徳的論理の説明によって乗り越えられるだろう。

　異論はあろうが、フレイの議論は、人に対する研究の弁護として失敗しており、認知的に障害のある人たちから、そもそも引用していた議論が、動物に対する研究に反対する証拠として機能する結果となっている。もし人々が、認知的に障害のある人々に対する研究を行うことは、まさしく道徳的に類似している動物に対する研究を行うこと（神学はさておくとして）だと明白に認め本当に信じているとしたら、彼らは私たちの現在の道徳的進化の状況において、後者を受け入れるより前者を疑問視するだろう。

　実際フレイの議論は、人の道徳的心理学における根源的な構成要素つまり純粋で無力な者たちを搾取することに対する嫌悪を呼びさますことに、おおいに役立つ——動物と認知的に障害ある人は両方のパラダイム・ケースなのだ。ますます自覚的にこのような搾取を乗り越えようと努める社会において、実際過去にはしばしば行われてきた、認知的に障害のある人々に対する実験は、無力な人々に対する実験とともに、現実的な選択肢ではない。要約すると、フレイの議論の力は動物研究を正当化するものではなく、むしろその道徳的に問題的な次元を強調するものなのだ。

　したがって、説得力があるように見える動物研究を擁護する唯一の議

論は、上述のように、利益からの議論にすぎない。功利主義の思想家は、動物の対象あるいは人の対象を、もし意識ある存在たる人や動物に対する利益が、このような対象が被る犠牲を上回るなら、研究において、侵襲的研究においてさえ、役立つものとみなすことによって、そのような研究が正当化されると議論するかもしれない。もし意識ある存在たる人や動物に対する利益が、このような対象が被る犠牲を上回るなら。たとえばピーター・シンガーは一貫性ある功利主義者だが、結果として多くの人の健康が顕著に改善されるゆえに、人でない霊長類に対する特定の侵襲的神経学的研究は正当化されると議論している。

私たちの社会的倫理は、法律に具体化されているが、当然人に対する研究についてのこのような議論を受け入れないし、たとえそれが一般の福祉のためだとしても、彼らの基本的利益の侵害から諸個人を守る諸権利という義務論的概念を使用することによって、純粋に功利主義的な倫理を阻止する。したがって、人に対する研究についての社会的意識は進化しており、アメリカにおいても（タスキーギー梅毒実験）、ヨーゼフ・メンゲルによって行われた明白に利用価値のない研究とともに、ナチス・ドイツにおける、科学的医学的に価値のある、低体温症や高山病のような研究を社会ははっきりと糾弾したのだ。

議論のために、利益が生み出される場合にのみ侵襲的な動物実験は正当化されると前提してみよう。そうなると、唯一の道徳的に正当化されうる研究は、人および動物に利益ある研究、あるいは動物に利益ある研究だということになる。しかし実際には、膨大な研究が、人にも動物にも論証できるような利益のないものだ。行動学的研究のほとんど、武器の研究、そして法的要求としての毒性試験は明白な例だが、こういった基礎研究の大多数は、侵襲的だが自明な利益が認められない。もちろんある程度の研究はこの基準をクリアできるのだが、しかし膨大な研究はクリアできない。「私たちは将来どんな利益が現れるかわからない」という反応をする人がいるかもしれないが、偶然や未知のことに訴えるわけにはいかない。しかしもしそれが妥当な論点だとしたら、私たちは利

益を生み出しそうな研究とそうでない研究に対する補助金を差別できない
いことになる。しかし、私たちは差別しているのだ。もし私たちが未知
の可能性ある利益に訴えるなら、私たちはもはや知られている利益とい
う基礎の上に補助金を出すことができなくなる。私たちは実際、人に対
する研究や動物に対する研究の費用対効果を測っているのだ。なぜ適切
なパラメーターとして動物の対象についての犠牲を計算しないのだろう
か。

　したがって私たちは、動物実験における二番目に重要な道徳的問題を
発見する。要約すると、最初の問題は、道徳的配慮の対象に対するどん
な侵襲的研究も道徳的に問題的だという提案から生じている。これに対
して、研究者たちは研究の利益を援用する。驚くべきことだがこれはよ
い議論で、別の道徳的問題を引き起こす。「なぜ私たちは、明らかに動
物の犠牲より明白に多くの利益を生み出す動物研究しかしないのか？」
という疑問だ。それが本当でないのは明白だ。ほとんどの動物実験の結
果の発表は、たいてい後の研究に引用されないことが知られている。し
たがって、行われてきた研究のほとんどについて、価値があるのかどう
かという疑問が生じるのだ。

　アンドリュー・ナイトがうまく示したように、これは最も高く評価さ
れている動物研究の領域、つまり最も人に近いと言われるチンパンジー
の研究においてさえも真なのだ（Knight, 2012）。この論点にとても適し
ているのは、研究者が、動物の代謝、生理、行動についての知識をおそ
ろしく欠いている結果として、彼らが使用する動物の犠牲を見落とすと
いう事実だ。もし人が動物の犠牲を計量できないのなら、利益がそれを
上回るかどうかを決めることはできない。とくに、ほとんどの研究者は
動物のテロスと、そこから生まれる無数の配慮について顕著に無知なの
で、彼らの結論は損なわれ無効となる。

　ほとんどの人々が気づいていない動物のテロスの側面は膨大な数にの
ぼる。しかし、これらの利益の侵害は、動物にとってだけでなく、科学
におけるモデルとしての彼らの機能にとっても同様に、重要な結果だ。

事実上、動物の性質のどの側面も、もし侵害されれば、動物の代謝、生理、正常な機能について、動物の福祉についてと同様、無数の影響を与える。このような考察はこれから短く示すように膨大なものだが、平均的な研究者はこれについて何も知らない。

80年代半ばに、動物研究の倫理についてのアンソロジーの編集者が私に近づいてきた。私が研究について多くの知識をもっているのを知っていて、彼は私に、科学における動物利用の最もひどい状況について議論することを依頼してきた。人は実験動物を使う領域において、彼らが特定の病気や症候群のモデルとするとき以外、使用する動物についてまったく何も学ばないで医師の資格や博士号を取ることができるし、問題となる動物の生物学的・心理学的必要について研究計画を確立するために文字通り何も知らないで、補助金を与えられているのだ、と私は躊躇なく言った。これは、3つの大陸で私が実験動物学を専門とする獣医師たちから聞いた異常なエピソードを説明する。それぞれのケースにおいて、彼らは、獣医師によって「病気の犬」を供給されたと文句を言う研究者たちに出会っていた。これらの不平の基礎は、問題の動物たちがみな華氏98.6度以上の「熱」を出していたという事実だった。研究者たちが知らなかったのは、犬の正常な体温が華氏101.5度だということだ！

実験動物は、彼らのテロイに適するようにではなく、人の便利さに適するように保たれており、ほとんどの場合世話する人もそれに気づいていない。檻は、クリーニングが容易なようにデザインされており、動物の必要に適するようにデザインされてはいない。優れた例は、夜行性で穴を掘る性質を持つマウスとラットから与えられる。人の便益のために、研究者たちは彼らを1日24時間あかりをつけた状態にしておくのだ。これはラットの性質に非常に有害で、ラットはこのような状況下で網膜への害を経験する。研究者たちは、高度に社会的な猿を檻でひとりにし、完全に刺激を遮断する。動物の性質が尊重されていないだけでなく、知られてさえいないので、それらにあわせようとする試みもなされえない。

霊長類にとってあまりに貧弱な環境だったため、1986年の連邦法は、人以外の霊長類の住居は「彼らの心理的ウェルビーイングを高めるようなものでなければならない」と要求した。

　この種のネグレクトは、事実上研究に使用されるすべての種について真なのだ。犬はしばしば1匹ずつ檻に入れられ、犬と人との社交には何ら注意が払われていない。猫は跳ねたり登ったりする生き物だが高い場所が与えられていない。農業においても研究においても、動物の性質を尊重しようとする試みはまったく何もなく、したがって彼らの福祉は高度に妥協された状況にある。小さな環境的差異でさえ生理的、代謝的な変数の大変動につながるという事実にもかかわらず、研究に使用される動物には、ストレスのある環境について、完全に何の注意も払われていない。げっ歯類の檻のサイズを大きくすると、アンフェタミンの毒性を50％まで減少させることが示されている。ラットにおけるアンフェタミンの急性毒性についてのLD50試験ではラットの致死量の50％のアンフェタミンを供給することが必要とされるのだが、ラットが12匹のグループで檻にいるときには、1匹で檻にいるときと比較して、7つの要因のひとつによって、（致死量の半分のアンフェタミンの）量が増大する。事実上毎月、居住状況の根本的影響を示す事例が発表されている。たとえば2014年に *Nature Methods* に掲載された研究は、ラットのストレスは世話する人が男性であるとき、女性であるときより顕著に上昇することを示している。*BMC Medicine* に掲載された別の研究は、20分だけ制限を受けた妊娠ラットのストレスは、そのラットの「孫娘」に、有意な生理学的行動学的影響を与えることを示した。この種の影響については、研究者が居住環境や世話の状況について注意を払うようになって以来、何千もの例が出版されており、ウサギを他のウサギと一緒に住ませたとき、特定の病気が減少することさえ示されている。

　つまり、動物の居住について動物のテロスを無視することは、その研究結果に根本的な影響を与えることが明白なのだ。したがって、良き科学の要求は、研究対象の重要な価値ある変数が無視されたり変形させら

194

動物実験とテロス

れたりしないように、動物の性質に注意を払うべきだということだ。注目すべきことに、出現しつつある動物の扱いのための社会的倫理に従うことは、動物の性質についてまったく同じ注意を払うことを要求するということだ。前述したように、科学の要求と社会的倫理との収斂は稀だ。研究の要求と、動物の必要と性質の間にある葛藤から生まれるストレスを最小にするために、私たちは動物のために、可能な限り彼らのテロイが命ずることに適合する条件を作り出そうとするべきだ。

　科学的に適切な動物の性質尊重に失敗すれば大損害を被るという知識は新しいものではないにもかかわらず、研究者がテロス尊重のための倫理的・科学的理由を無視するのは驚くべきことだ。痛みのある実験において、無痛法を用いないという歴史的失敗にもかかわらず、前述のように、痛みに苦しむ動物は生物学的に正常な動物ではないという、単純な常識が研究者に提案されるべきなのだ。免疫系の変数とそれに相関した病気への抵抗性と同様に代謝と生理の不安定は、痛みのコントロールの失敗によって引き起こされる。これとは逆方向のデータも存在する。特別に良い扱いをされた動物は、顕著な程度に繁殖に成功するし、特別に配慮ある扱いを受けたウサギは、高コレステロールの食餌を与えてもアロテーム性動脈硬化症の病変が顕著に少ない。信じられないことだが、マウスの性質ではなく人の都合のためにデザインされた檻に住んでいたネズミから蓄積された従前のデータが損なわれ、無効になり、少なくとも疑問を持たれるという理由で、1990年代にマウスのテロスに非常によく適合した檻を開発する試みは極度に批判された。

　不安定性が動物研究者によって考慮されなかったことがデータに大損害を与えた程度を記録した最も優れた最も注意深い論文のひとつは、G.クロウによる1982年のイギリスの論文「生物医学研究において使用される動物への環境的影響（"Environmental Effects on Animals Used in Biomedical Reseach"）」だ。このすばらしい論文において、著者は動物の反応が「非常に大きく環境的要因によって影響されており、その影響の程度はしばしば多くの、おそらく大多数の研究者によって認識されて

195

いるより大きい」（Clough, 1982, 487）ことを詳細に精査している。「驚くほど少ない割合の著者しか、環境の温度や照明といった基本的情報に言及していない」（Clough, 1982, 488）と、クロウはまた述べている。彼は、以下のような環境的不安定性を論じ、多様な状況下での動物への影響を描いている。温度、相対的湿度、空気の動き、空気の質（空気の物理的状態と空気の組成を含む）、光（強度、波長、光周期を含む）について。

　もちろん、技術者の人間性、動物の居住密度、環境ホルモンなど、著者が言及していない不安定要因も多数ある。実験室で瓶の栓を抜くといった些細と思われるようなことでさえ、動物に有意な影響を与える。重要な点を繰り返すが、動物のテロイに適した環境を整えるのに失敗するなら、倫理についてと同様科学についても害を与えることになるのだ。したがって、動物研究の領域においては、モデルとしての動物の有効性を確証するために倫理的理由と同様科学的理由によっても可能な限り動物の必要と性質を学ぶべきだということを、私たちは見出す。よく知られているように、私たちが外部からの影響を最小化し、コントロールすればするほど、私たちの科学は健全なものになるだろう。したがって、動物のテロスが命じることを整えることによって私たちはうまくやりながら善を行うことができるのだ。両方の視点から倫理的考慮と科学的考慮を統合することに、私たちは健全な理由を持っていることを見出す。そして再度、動物のテロイ、生物学的心理学的性質から見ることによって、科学的イデオロギーの立場からでさえ力強い理由を見出すのだ。もし私たちが動物を、物理学や化学といった厳密な還元主義的方法で見るなら、動物を動物たらしめているものを見失うだけでなく、私たちの研究にとって中心的で決定的な不安定性による歪曲を保証することになる。

　この点に付随して、私たちは動物実験のために現れてくる、驚くべき結果を得た。先に示したように、動物実験を管理する法は動物のケアを意図しており、動物実験委員会を使って科学的イデオロギーに浸かった科学者たちを継続的に圧倒するよう意図されている。他の著書で私は、

このシステムは「鳥小屋を狙うキツネ」の極端な場合を表していると強調した。これは、私たちが委員会において科学者を信頼しないよう提案しようとしているのではない。私の経験では、このような科学者の側には、連邦法を遵守しようとする強い傾向がある。それはむしろ、科学者が、彼らが訓練され浸かっていることに基づくやり方で、つまりイデオロギーの眼鏡を通して世界を見がちだということだ。したがって彼らは、イデオロギーによる見方を退けた適切な考察に失敗する。さらに、科学的研究は概ね公的資金によって公的利益の名のもとに行われる。しかし普通の人々が世界を倫理に基づくレンズという常識によって見ているときに、科学者はそのように見ないか、科学者はそういうことを気にしないということを発見するのだ。私がこの本を通して示してきたように、普通の人々は今、普通の常識の形而上学を、そして科学が引き起こした倫理的諸問題をおおいに気にしている。これらの理由のために、普通の人々は、どの研究に補助金を与えるべきか、どのようにその研究が遂行されるべきかを決定することについて顕著な声をもっているのだ。

　科学者のしていることは科学者だけが理解できる、というよくある不平には単純な返答がある。科学はとても専門化されているので、ほとんどの科学者は自分の直接的専門分野以外では、本質的に素人になってきているというものだ。加えて、科学的研究の目的のひとつは、知的な科学者が知的な素人に説明するということだ。高度で難解な物理学の領域においてのみ、これは行いえないが、そういう領域では動物を使用しないのだ。もし公の資金が科学を推進する燃料だとしたら、民主主義的社会では、どのように金が使われるのか、どの領域が研究され、その研究はどのように倫理的に行われるか、という点について人々の意見が顕著な声を持つべきなのだ。

　科学的コミュニティがその方向に動きつつあるという、限定的ではあるが希望の持てる指標がある。「NIH 実験動物の世話と利用についてのガイド 2013 年版（*the 2013 edition of the NIH Guide to the Care and Use of Experimental Animals*）」においては、社会的動物は彼らの社会性を尊

重した方法で居住させるようにという命令がある。また、研究計画の終わりには、譲渡可能な動物を譲渡するようにという指令的奨励が見られる。さらに加えて——これは常識と社会的道徳性にとって高度に重要なことだが——研究計画に使用される動物の犠牲は、研究によって生み出されると思われる利益に対抗して測られねばならない。私たちは、一般の人々が研究の論理と倫理について非常に劇的に心配する社会における、新しい時代に向かっており、もはや「私を信頼しろ。私は科学者だ」という態度にとどまることができず、科学と倫理を統合する必要性が、もっとずっと差し迫ったものになった状況にあるのだ。

　研究に使われる動物が単に無力な道具だというだけでなく、むしろ道徳的配慮の対象たる研究への参加者だという気づきは、科学の他の倫理的側面でもそうであるように、動物研究の倫理的ニュアンスについて非常に多くの懸念を生じさせている。たとえば、動物を使って行われる武器の研究を、人々はほとんど受容しない傾向がある。ごく最近まで人以外の霊長類は、チンパンジーでさえ、このような研究の選択対象だった。このような目的で人間以外の霊長類を使うことについての研究者の権利について、深刻な疑問を持つ科学的コミュニティと人々と世界中がともに、深刻に研究者が人以外の霊長類をこのような目的で使用することを疑問に思い、動物により高い道徳的地位を与えようとする世界中の膨大な試みを含めて、疑問をおおいに加速させられるだろう（2015年にNIHは、もはやチンパンジーを使用したり留置したりしてはならないと宣言した）。同様のルールは、研究における犬の利用についても国際的に作られつつある。確かなことは、霊長類や犬の特権的地位を享受できていないが、高度な道徳的配慮に論理的に価するたくさんの動物が存在するということだ。しかし、社会思想が正しい方向に向かっているという証拠はある。

　要約すると、動物研究は監禁的農業が獲得するよりずっと急速に強化された道徳的風格を獲得すると信じる理由がある。すべてのボートが浮かんでいる潮流を形成することがかなり確実なので、これは良いことだ。

198

遺伝子工学とテロス

　テロスとの関連で動物倫理を議論すると自動的に、生産あるいは研究のために遺伝子操作された動物の問題が生じる。その問題とは、動物のテロスを遺伝的に変更することは、本質的に間違っているかどうか、ということだ。伝統的にアリストテレス主義者は、動物のテロスの説明においてこのような問題を提起しなかった。というのは、アリストテレスにとってテロイというものは固定されており不変だったからだ。人がそのような変更に影響できるとしたら、知ることが不可能になるので、アリストテレスにとってテロスの変更などということは不可能だった。アリストテレスにとって、宇宙は内在的に知りうるものだった。自然な種の後天的な変更可能性を仮定した思想家たちを、アリストテレスが知らなかったというのではない。たとえばエンペドクレスは自然淘汰による進化論の原初形態を提示した。エンペドクレスの循環論的宇宙進化論においては、宇宙の物質の構成要素は彼が「愛」と「争い」と呼んだこの原理の行為に伴って結びつき、解体する。「愛」と「争い」は魅惑と反発の諸力だ。これは定期的循環的に生じる。たとえば基本的要素の偶然的つながりは、牡牛の頭を持つ人（ミノタウロス）のような奇形的存在を作り出す。このような存在は生存に不適なため、淘汰される。これらの時代については神話や伝説に記録されている、というわけだ。

　そのようなことが生じるという証拠を、まったく見ることがないという理由で、アリストテレスはこのような進化論的説明を拒絶した。提案

されてきたのは、アリストテレスは博物学者として、おそらく化石化した魚のような何度も出現する存在に、出会ったということだ。しかし彼の力強い理論的バイアスにしたがって、アリストテレスはそれを化石、過去のものの残りとは見ず、むしろ石の魚というそれ自身が異なる自然種だと見たことだろう。

　それにもかかわらず、今日の科学的世界観では、自然種は固定されておらず不変でもなく、ゆっくりとした突然変異の連続にしたがって各段階が、ゆっくりとそれにもかかわらず確実に新種と見てよいほどの顕著な自然種の多様性へと導いていくというものだ——馬における進化の近代的説明に見られるように。

　もし遺伝的特徴が生存に適するように種の変化を短期間に起こすとしたら、それが意図的でもそうでなくても、種の進化における影響力となりえない人の介入を提起する積極的な理由はない。実際私たちは、それが可能になって以来、意図的に徹底的に変更された種を持っている。私たちは新しい植物種を交配によってたくさん作りだしてきた——タンジェロ——（タンジェリンとグレープフルーツの交配種）や、蘭の膨大な亜種が、このような遺伝子操作の例だ。実際草の70％と花の40％は交配、栽培、選択的繁殖、他の人工的選択の方法によって、人が作り出した新種と見積もられている（私たちは動物の新種を作り出していないが、その障壁も技術的なものなので、やがて乗り超えられるだろう）。

　遺伝子工学への倫理的反対が最初に、また最も多く宣伝してきたことのひとつは、遺伝子工学が「種の統一性」を侵害し、したがって「本質的に間違っている」という、概ね神学に基づく主張だ。これはもちろんホラー映画の主流をなす、「人が行ってはならない特定のことが存在する」という古い断定のひとつのバリエーションにすぎない。このような主張は、神が不変な自然種から宇宙を創造したと宣言する形而上学においては、意味があるかもしれないが、科学と進化の形而上学的世界観においいは無意味だ。実際、すべての教派の膨大な神学者たちが、あつかましくも、遺伝子工学（あるいは最初のクローン羊ドリーのようなクロー

200

ニング）が「神の意志を侵害する」と宣言してきたのだ。

　1995年に、動物の遺伝子工学に付随する倫理的諸問題についての最初の著書『フランケンシュタイン・シンドローム（*The Frankenstein Syndrome*)』を私は出版した。これら諸問題の射程内に向かうべき場所はないことを、私はすぐに発見した。科学的コミュニティは「価値から自由な科学」というイデオロギー的信念の虜だったので、コミュニティの誰もこれらの諸問題に取り組むことができなかったのだ。一般の人々は、リサーチコミュニティとは違って、バイオテクノロジーの倫理を極度に心配したが、しかしこれ以上ないほど科学的に無知で、科学を、とくに「自然を汚す」ことは何でも完全に疑っていた。私は著書の中でそれを「フランケンシュタイン・シンドローム」と呼んだのだ。

　アメリカの人々は科学的に無知だということを私はすでに論じてきた。近年事態が改善していると信じる理由はあまりない。科学者側の科学的イデオロギーあるいは科学の常識と、科学についての人々の無知と疑いの結びつきは完全な嵐を作り出し、私が「倫理についてのグレシャムの法則」と呼ぶものを結果した。後にも言及されるようになったグレシャムの法則は最初、ルネサンス期の経済学者で要するに「悪貨は良貨を駆逐する」という本質を主張したトーマス・グレシャムによって言明された。第一次世界大戦後のドイツ経済を考えてみてほしい。ドイツ・マルクはインフレによって価値が暴落し、手押し車いっぱいのドイツ・マルクによってパンひと塊しか買えなかったのだ。したがってもし人が小さな土地の上に1万マルク持っていれば、借財を金（きん）で払ったりはしないのだ。むしろ人々は、無価値な紙切れで支払うだろう。同様に、「悪い倫理は良い倫理を駆逐する」と私は論じる。遺伝子工学は神の意図を侵害するなどという悪い倫理は、遺伝的に組み換えられた動物の福祉についての妥当な懸念よりもっとずっと魅力的なので、それは中心的な問題として把握されがちなのだ。そして一度ひとつの悪い倫理が確立してしまうと、それを動かすことは極端に困難だ。このような主張は、魅惑的なアピールを持っている。

遺伝子工学について申し立てられている倫理的主張のうち、考慮に値するのは3つだ。第一は、神の意思を侵害するのでバイオテクノロジーは「本質的に間違っている」のバリエーションだ。このような主張は、バイアスがなく変だ。第二は、バイオテクノロジーによって社会的あるいは生物学的危険がもたらされるという考え方だ。もちろん厳密に言えば、これは慎重な考え方で、倫理的問題とまでは言えない。もしテクノロジーが損害や災害を引き起こし、誰も利益を得ないというのならば。最も純粋な倫理的問題である第三は、私が「生き物の窮地」と呼ぶものについての懸念で、遺伝的に操作された動物にふりかかるかもしれない害を含んでいる。もし動物が、その動物の福祉を損なうようなやり方で遺伝的に変更されていたら、たとえ人の利益が相関的に生じるとしても、それは正統な倫理的問題だ。社会が歴史上のどの時代よりも動物福祉を深刻に問題にしはじめているときには、これはとくに真だ。しかしながら、このように妥当な疑問は、悪い倫理によって侵食されやすい。

　遺伝子組み換え動物を媒体として、比較的親しみのある動物のゲノムから遺伝子を切除することによって、たとえば動物における多数の遺伝子の機能を研究することができる。あるいは逆に、急進的に多様な動物から採取した新しい遺伝子を追加することができる。このような操作の影響は予想しがたいし、実験動物にとって深刻な福祉問題を結果するかもしれない。

　多くの人々にとってゲノムは、特定の動物のテロスをコドン化しており、神聖不可侵のものなのだ。これは根本的な誤解に基づいている。特定のテロスを動物が所有するとしたら、そのテロスから派生する利益を人は侵害すべきではない。しかし、動物の性質を決める遺伝子を変えることは間違っていないと私は論じる。たとえば、もし特定の種の動物がしばしば遺伝的疾病に苦しめられるとすれば、問題の遺伝子を置き換えて、動物の生を積極的なものに導くことは、何ら問題的ではない。したがって問題的なのは、テロスを本質的に換えることではない。ある変更はとても積極的でありえるが、他の変更は動物の生の質を深刻に害する

202

かもしれない。問題はむしろ「福祉保持の原則」と私が呼ぶものを侵害することにある。この原則は、もし人が所与のテロスを変更するのならその結果生まれる動物は遺伝子的変更なしの原型に比べて、遺伝子変更の後より悪いものになってはならならず、理想的にはその動物がより良いものになるべきだというものだ（興味深く喜ばしいのは、私がこの原則をUSDAの遺伝子工学学会で表明したとき、聴衆がほぼ満場一致で積極的に反応してくれたことだ）。遺伝子が変更されることによる道徳的問題は、遺伝子的変更によって動物（より正確にはある種の動物）の、福祉が危うくされたり減少させられたりするなら、その場合には行われるべきではないということだ。

　遺伝子工学は動物福祉に何を示唆するだろう？　動物利用についての私たちの歴史によると、予測は積極的なものではない。結局古代の契約と動物ハズバンドリーについての深い尊重と依存を基礎とした動物農業の１万年の後、驚くほど急速に、産業的農業が、利益と生産性のために深く浸透していた原則を破壊した。良きハズバンドリーが急速に、最良でも古い時代へのノスタルジアへ、最悪なら乗り超えるべき何かへ格下げされるのに伴って、効率性、生産性、そして利益が急速に動物農業を支配するようになった。

　バイオテクノロジーは、同じ線上で、動物に対する事実上完全な支配を私たちに提供する。たとえば、自然にあるいは偶発的に適切な突然変異が動物モデルに生じなければ研究できないというように、動物をモデルとした人の遺伝病の研究能力は歴史的に制限されてきた。今私たちは、適切な遺伝子を思い通りに変更できる。どれほど恐ろしく、どれほどそれが生み出す苦しみが多いかにかかわらず、現在のテクノロジーをもって、人は原理的にすべての人の遺伝病の動物モデルを作り出すことができる。

　本物の例によって私たちの議論を始めるために、レッシュ・ナイハン症候群あるいはヒポキサンチングアニンホスホリボシルトランスフェラーゼ欠損症をマウスで再現しようとした、人の遺伝病の動物「モデル」

203

を胚細胞技術によって生み出すための最初の試みを精査しよう。レッシュ・ナイハン症候群はとくに恐ろしい遺伝病で、「破壊的かつ治療不能の神経学的行動学的障害」だ。患者はほとんど30年を超えて生きられず、痙攣、精神発達遅滞、コントロール不能で断続的な筋痙攣性の動きをする舞踏症に苦しめられる。しかしながらこの疾病の最も忘れがたく印象的な側面は、患者が自分を傷つけようとする抵抗できない衝動で、たいてい指や口唇を噛むことによって明白になる。W. N. ケリーとJ. B. ウィンガーアーデンによる以下の描写は、この病気の酷い性質を伝えている。

　　レッシュ・ナイハン症候群の最も印象的な神経学的特徴は、強迫的な自傷行為である。このため2歳から16歳の間に子供たちは自分たちの指や口唇や口腔粘膜を噛み始める。この自傷への強迫は非常に強くなると、肘を伸ばしたままにするため副木をつけるか、あるいは手をガーゼや他の方法で拘束する必要がある。いくらかの患者においては、唇を噛むことをコントロールする方法は抜歯しかない。
　　この痛い傷を作る強迫行為は、患者を抵抗し難く捕らえる。しばしば彼は、腕の副木を取り除くまでは満足している。この時点でコミュニケーションのとれる患者は、拘束を取り除かないでくれと嘆願するのだ。もし人が腕を自由にしてしまうと、患者は極端に興奮し取り乱す。ついに拘束が完全に解かれると、彼は指を口の中に突っ込む。ある年上の患者は助けを求め、それまで自由だった彼の腕を拘束すると、患者は明らかな安堵を示した。指を噛むことへの明白な強迫は、しばしば対称的ではない。一方の腕は自傷の切迫した試みを結果するとはいえ、多くの患者において、もう一方の腕を心配なく拘束せずにおくことが可能である。
　　これらの患者はまた、他の方法で自分を傷つけようとする。生命のないものに対して頭を打ちつけたり、車いすのスポークのような危険な場所に手足を置いたりするのである。

もしその手が拘束されていなければ、彼らの自傷は患者の主たる関心事となり、他の何らかの方法で昇華できそうにみえるのに、傷を負うことに努めるようになる。(Kelley and Wyngaarden, 1983)

　現在、ケリーとウィンガーアーデンによると「レッシュ・ナイハン症候群の神経学的合併症のための効果的治療法はない」が、彼らは HPRT 欠損症の分科会において、「現在における HPRT 欠損症［レッシュ・ナイハン症候群］の完全な好ましい治療法は予防である」すなわち「治療的中絶である」と、大胆にも提案している。この病気はあまりにも劇的なので、私は 1976 年に、これはおそらく遺伝研究者が遺伝子工学によってモデルを作りだそうとする最初の疾病になるだろうと予告した。実際研究者は、この症候群の動物モデルを何十年も探し求め、レッシュ・ナイハン症候群を持っていないにもかかわらず、カフェイン剤が与えられると自傷するラットやサルを作り出した。したがって、これがマウスの胚細胞技術によって遺伝子的に操作される最初の疾病だということは、驚くべきことではない。しかし、研究者が驚いたことに、これらの動物は HPRT 酵素を欠損していても、表現型的に正常で、人においてこの病気の特徴となる代謝的、神経学的な症状を呈さなかったのだ。遺伝子組み換え「モデル」の失敗の理由は、他の研究はこれに疑いを持っているとはいえ、マウスにはキサンチン代謝のバックアップ遺伝子が存在するからだと指摘されてきた。無症候性のマウスは、たとえば遺伝子治療の試験を始めるために依然として有益な研究動物だとしても、症状を現した動物の方が明らかに、論理的により人の病気に忠実なモデルを代表しており、適切な代謝の道筋を再現すると考えられる。おそらく、研究者が症候ある動物を作り出すことに成功するのは時間の問題だと——ある研究室は動物の異なる種においてそれを実現するのに近づいていると、私は自信を持って言ってきた。もしかすると行動的逸脱を再現するためにはサルを使うことが必要かもしれない。
　ここで生じる実際的な道徳的疑問は明白だ。研究者が確実にこういう

動物をできる限り早く作り出せるとしたら、とくにこのような動物が遺伝病の展開についての長期間の研究に使われることになるとしたら、彼らがモデルに作られた同じ痛みと苦しみによって特徴づけられない生を生きることを、どのようにして確証できるのだろうか？　あるいはそのような動物を作り出すことは、アメリカやイギリスで学習性無力感の研究が禁じられているように、私たちが関連性のない手術計画において動物の複数回使用を禁じるやり方での研究が禁じられているように、立法によって禁じられるべきなのか？

　同様の論点は、農業において動員される動物の遺伝子工学についても作られうる。ヴィール子牛を、運動できないので筋肉が少なくなり、したがって極めて柔らかい肉ができるように小屋に監禁しようとする農業的コミュニティは、動物福祉への影響を無視すれば、利益のために遺伝子工学を使うことに文句を言わないだろう。実際の研究は食用の肉について、遺伝子工学によって正常な場合よりも速く動物を作り出すために行われている。たとえば豚と羊の成長率と効率性を増加させる試みは、成長をコントロールする遺伝子の挿入によってその結果を達成したものの、顕著な苦痛を生じさせた（Puesel et al., 1989）。望まれた結果は成長率を増加させ、農場動物の体重を増加させ、胴体の脂肪を減少させ、飼養効率を上げることだった。このような目的はある程度達成された（豚において体重増加率は15％向上し、飼養効率は18％向上し、胴体の脂肪は80％減少した）とはいえ、動物のウェルビーイングにかなり否定的なインパクトを与えるという予期しない効果も生じた。豚では、寿命を縮める腎臓と肝臓の問題を含む病理学的変化が、多くに見られた。その動物たちはまた、死亡したり、足が不自由だったり、不自然な歩き方をしたり、目が突出していたり、皮膚が肥厚していたり、消化器に潰瘍ができたり、深刻な髄膜炎になったり、進行性の関節痛や多様な心臓病、腎炎、肺炎などにかかったりすることを含む、広範囲の病気や症状を示した。さらにその性的行動が異常で、雌は不感症で、雄はリビドー［性欲］を欠いていた。他の諸問題は、糖尿病になりやすい傾向や免疫機能

が弱い傾向を含んでいた。遺伝的に変更された羊は、最初の6か月間、豚よりうまくやっていたが、それから不健康になった。

　これらの実験から学ぶべき教訓がある。最初に、マウスでより早く似たような実験が行われていたとはいえ、マウスは望ましくない副作用の多くを示さなかった。したがって、それが遺伝子工学で行われるとき、表面的に同種の遺伝子操作が試みられるときでさえ、種から種への直線的な外挿法で想定することは困難だ。

　第二に、遺伝子組み換えと望ましい表現型の特色の出現との間に単純な1対1の対応を作り出すことは不可能だ。遺伝子は複数の影響を持っているかもしれないし、特色は複数の遺伝子によってコントロールされているのかもしれない。福祉について、この論点の適切性は明らかだ。ひとつの遺伝子または複数の遺伝子によって影響される生理学的メカニズムがよく理解できるようになるまで、人はその工学において極端に慎重になるべきだ。福祉の落とし穴として良い例は、免疫系の特定の側面を研究するために遺伝子組み換えマウスにインターロイキン4をたくさん産生させようという試み（Lewis et al., 1993）によって提供されている。これは実際驚くべき結果となった。これらの動物の経験した骨粗鬆症すなわち骨の脆さを結果する病気は、明白に福祉問題だ。

　別の例は、2倍の筋肉を持つ遺伝子組み換え牛を作る試み（ゴードン・ニスウェンダーとの個人的コミュニケーションによる）によって提供される。子牛は明白な問題なしに生まれるものの、1か月以内に自分では立てなくなり、その理由はまだ不明だ。研究者の名声のために、その子牛はすぐに安楽殺された。しかし、完全に予期しない福祉問題の奇妙な例が発見された。足の欠損と頭蓋および顔面の奇形が明らかに何の関連もない遺伝子のマウスへの挿入によって結果されたのだ（McNeish et al., 1988）。

　したがって福祉の問題は、遺伝子工学的農場動物の、より劇的には潜在的な商業的生産の研究において現れる。この研究 − 動物問題は、もし何かの苦痛があれば、麻酔、無痛法、そしてすべてにおける安楽殺のた

めの早期の人道的エンドポイント設定の法的使用によって最もよく処理される。この問題は、苦しむ遺伝子工学的動物の大規模生産に関係しており、別の方法において扱われねばならない。この理由で、私は先に示したように、福祉保持の原則を提案したのだ。

　まとめると、神聖かつ不可侵なのは動物の性質ではないので、テロスに基礎を置く動物倫理は、テロスを変えるような遺伝子工学的動物の可能性を排除しないと私は論じた。それはむしろ動物の性質から現れる利益なのだ。遺伝子工学的動物のテロイを、動物福祉を向上させるやり方において、問題の工学が福祉保持の原則を尊重するかぎりで、確かにそれは私たちに概念的に開かれている。

　したがって、道徳的な懸念が生じるべきなのは、遺伝子工学そのものの可能性についてではない。それはむしろ、研究のためにか商業的目的のためにか欠陥のある、苦しむ動物を作り出す新しい可能性についてなのだ。現在の道徳的地勢においては、奇形の動物を作り出すことを防ぐ明白なメカニズムは存在しない。このような作出を妨げるどんな試みも、遺伝子工学を論じるときには、悪い倫理の絶対的な拒絶とともに始まるべきだ——たとえば、神の意思を援用することの拒絶——そして作り出された苦しみに注意を集中させるのではなく、意図的にしろそうでないにしろ、遺伝子工学的動物の生涯に注意を集中させるべきなのだ。ああ、人々はこの問題の明確化になんとわずかな注意しか払っていないことか、そしてリサーチコミュニティは倫理的に無知なことか。

結論

　私たちが地球を共有している何十億という意識ある生き物たちについて、現れつつある社会的懸念は、未来において20世紀の主要な倫理的革命として理解されるようになるだろう。それゆえ、この社会的運動に、仲間の市民たちと関わることは、私にとって極度に重要なのだ。私たちが動物をさらしているすべての利用において、動物が経験している不必要な苦しみが驚くほど膨大であることを考えるとき、何もしないでいつづけることは事実上不可能だ。この理由により、40年間これらのアイディアを発展させ、それを実践に移すことを試みてきたことを基礎として、常識の道徳性と動物倫理の間に強いリンクを確立しなければならないと、私は確信している。プラトンの「想起」という概念とアリストテレスの「テロス」という概念を援用することで、私はこれを試みてきた。本書で示そうと努めてきたように、適切に理解されるとき、「想起」と「テロス」は普通の人々の考えととてもよく調和する。誰でも周囲に動物がいた人は、彼らが生まれながら備えている必要と利益、彼らの性質あるいはテロスを構成するこれらの要素が動物にとってどれほど顕著に重要かということ、そしてこれら罪なき生き物たちの肉体的心理的苦しみを引き起こすこれらの要素の侵害の程度がどれほどのものかに気づくはずだ。

　私は、人の動物利用が動物のテロスを破壊する主要な方法のいくつかについて、本書で徹底的に描いた。産業的農業と動物研究がその枠組み

209

的な例だ。しかし、そうでなければならないわけではないということを、私たちは決して忘れてはならない。1万年の間、私たちはテロス尊重に依存するハズバンドリーに基づく農業を実践してきた。私たちの視界が貪欲で盲目にされていなければ、私たちは再度そうすることができるのだ。実際私たちは、私たちの安いエネルギーへの完全な依存を持続するような、無数の環境無視を続けているが、どこかの地点でハズバンドリーに基づく、動物にも植物にも持続可能な農業に戻ることを必要とするというシナリオは不可能ではない。私たちはまた、動物の必要と性質を尊重するとき、動物研究が最も正確だということを見てきた。

　本書のすべての読者はおそらく、テロス尊重のための私の議論をより小さな動物利用に適用することができるだろう。たとえば、動物園やサーカスのような、くだらない動物利用を私は考えている。私が幼かったときから学生時代を通じて、動物を愛するゆえに、私にとって動物園に行くことは、何より嬉しいことだった。しかし私が動物倫理学に取り組み、省察すればするほど、動物園が動物のテロスを枠組みとして侵害しているということが、私には明らかになってきた。ライオンと象は、彼らの正常な行動範囲が何千エーカーにも上るのに、小さな檻や小屋に監禁されるべきではない。シャチは、裏庭のプールのようなところに留め置かれるべきではない。これらの施設は動物の性質に対してあまりにも侵襲的なので、動物は狂ってしまい、本来の能力のグロテスクなパロディになり果ててしまう。

　ある機会に、私は移動サーカスが動物たちを一時的な居場所へと移しているのを見た。動物のうちの1頭は黒い熊だったが、その熊は檻の中で強迫的にジグザグに歩いていた。私は半時間彼を見ていたが、彼は決してジグザグに歩く以外のことをせず、これが極度に定型的な行動だと理解できた。これを見続けているうちに、この経験は私の心を打ち砕いた。後に私は、これが不自然な環境に対する動物の普通の反応だということを知った。

　また別の機会に、ラスベガスのミラージュ・ホテル・アンド・カジノ

で、私はガラス張りの水槽の中で、派手に展示されているイルカを見た。私は 10 分間見ていたが、この動物がしていたことと、彼がすべきことの間にある、大きなギャップが私の心を揺り動かしたので、突然コントロールできず止めることができないほど泣いてしまった。私は、動物が無知な人を楽しませるためだけに留置される世界を、突然想像した。

　都市生活者は、世話をするために動物について学ぶ必要があるといえるが、それだけではすまない。共感という値のつけられない能力を捨て去りながら、ただ動物たちを従属させ支配する私たちの能力を自慢する代わりに、ビデオカメラで自然状態にある動物を記録するような技術的奇跡が、私たちに正しいことを教えることができるだろう。

　もし、本書の議論を熟考することによって、ある人々が動物の苦しみを、私たちのように、より深刻に捉えるようになったなら、私の使命は果たされたと言えるだろうが、同時に私は、それによって、私たちが地球を共有している他の生命によって生み出される驚異と喜びが引き出されることを望んでいる。

訳者あとがき

　本書は Bernard E. Rollin, *A New Basis for Animal Ethics: Telos and Common Sense,* Columbia: University of Missouri Press, 2016 の全訳である。

　最近「動物倫理」と名のつく本を目にすることも多くなってきたが、一般の使用に耐える内容を持つものは少ない。それは倫理学が「道徳哲学」であって、哲学であるからには論理的整合性を何より重んじることと無関係ではない。しかし、一般常識から隔絶した理論は社会的倫理として機能しないので、机上の空論と化す。

　現代において動物倫理を専門的に扱ってきた思想家は3人いる。功利主義哲学者のピーター・シンガー、神学者のアンドリュー・リンゼイ、そして Critical Realist の哲学者（と訳者は理解している）である、本書の著者バーナード・ローリンである。この3人はそれぞれ別の理論を用いて、精力的に動物倫理を論じ、何十冊もの作品を著してきた。シンガーとリンゼイの論理的帰結は、菜食主義を伴う「動物の権利」論である。それに対してローリンは、「動物の権利」という言葉を使うことがあるにせよ、常識から遊離することなく、実質的には「動物の福祉」と呼ぶのがふさわしい議論を展開してきた。したがって、とくに獣医倫理学において意味をなすのはローリンの作品だけである。なぜなら獣医療自体が畜産やペット飼育を前提としているからである。もちろん思想的にそれらを否定する立場は充分ありえるし、個人的倫理として実践することも可能である。だがそのような急進的な立場は一般に共有されることがないため、本来「慣習」を意味する「倫理」として機能しないのである。功利主義とかキリスト教神学とか、明白なレーベルがあると理解しやすいが、ローリンは彼の理論の基盤を言い表すために40年を費やした。

それがまさに本書で行われた記念碑的な仕事であるといえる。

　詳細は本文に譲るがここで簡単に説明しておくと「テロス」とは、普通「目的」と訳されるギリシア語であるが、アリストテレスの用語では「本来の性質」といった意味である。そして「常識」とは、まさに当該社会で共有されている人々の信念を指す。このふたつこそがローリンの動物倫理の基盤なのである。要するに、動物本来の性質を尊重し、人々の常識に合致する社会的倫理、それが動物倫理である、という立場といえる。あまりに「普通」すぎると思う向きもあるかもしれないが、「普通」でなければ一般人には実行不能であり、実行不能であれば単なる思考実験か一部の急進的な人々のカルト的な信念となり果てる運命にある。

　日本の獣医学部でも獣医倫理学がコアカリキュラムとして必修化され、国家試験に出題されるようになっているが、最初期の試験問題はローリンの『獣医倫理入門』から直接引用されていたという。本書と同じく白揚社から出版された『獣医倫理入門』は理論篇と実践篇に分かれており、実践篇にある具体的な事例は現在もカナダの獣医学雑誌に連載されている「獣医師からの質問に対する答え」からとられている。それは当然北アメリカの状況を前提としている。それゆえ日本の状況に直接適用できるものではない。だが、理論篇の価値は高い。そして本書の汎用性はさらに高い。なぜなら、動物のテロスは世界共通であるし、常識は、それぞれの社会によって同定可能なものといえるからである。北アメリカの常識もあれば、日本の常識もあり、アフリカの常識も南アメリカの常識もあるであろう。直接輸入しても使えない部分は、ローリンの理論を前提にして補えばよいのである。訳者は近い将来日本の動物や獣医療に関する常識をある程度同定することによって、日本版の動物倫理を構築しようという「野望」を抱いている。倫理と常識がそもそも密接に関連している以上、倫理には文化差があることを認めなければならない。

　獣医学関係者の間では周知のことであるが、現在日本の複数の獣医系大学が EAEVE 認証（ヨーロッパにおける獣医学教育の基準を満たしているという認証）を獲得しようと努力している。Vet. Japan North（北

訳者あとがき

海道大学と帯広畜産大学)、Vet. Japan South (山口大学と鹿児島大学)、そして単独で目指しているのは酪農学園大学である。この際、代表的な課題はヨーロッパレベルの動物福祉の基準を満たすこと(テロスの尊重)と文化的相違(日本の常識)を説明することなのである。このうち文化的相違がもっとも問題となるのは、伴侶動物死後の病理解剖数である。様々な努力が行われているが、日本では伴侶動物死後の献体が極端に少ないのである。これには宗教的文化的「常識」の相違が関連している。訳者の調査(アメリカと日本の比較)でもそれは明らかである。そうだとすれば、「代替措置」によって規定をクリアすることが考えられる。たとえばイスラム教文化圏では獣医師といえども豚を触ることができない。それで、豚を使った実習は羊で代用することが認められている。ただしそれは「部分的な」認証にとどまり「完全な認証」を得るためには外国で豚の実習をしなければならない。だから日本の場合も現在足りていない説明をする必要とともに、将来それをどのように解決するかという展望を示さねばならない。

「テロスと常識」を基盤とする動物倫理は、現在日本の獣医系大学が喫緊に必要としているものだといってもよい。もちろん本書は獣医学関係者のみならず、一般の読者のためにも書かれているのだが、現在の状況にあっては、獣医学関係者や獣医学生にとって特別に有意義なものと考えられる。

本書が動物倫理に関する様々な課題に現場で取り組み、適切な概念装置を探索している読者諸氏にとって、ブレイクスルーを実現する手がかりとして実際に「使われる」ことを心から願っている。

高橋優子

参考文献

American Veterinary Medical Association. 1987. Panel Report on the Colloquium on Recognition and Alleviation of Animal Pain and Distress. *Journal of the American Veterinary Medical Association* 191 (10):1186-1191.

Aristotle. 1941. *Metaphysics*. In *The Basic Works of Aristotle*, ed. R. M. McKeon. New York: Random House.

Bentham, Jeremy. 1996. *An Introduction to the Principles of Morals and Legislation*. Oxford: Clarendon.

Black, Keith. 2004. "Scientific Illiteracy in the U.S." *Cedars-Sinai Neurosciences Report,* Fall.

Braybrooke, David. 1996. "Ideology" In *Encyclopedia of Philosophy*, vol. 2, ed. Paul Edwards. New York: Simon and Schuster.

Buytendijk, F. J. J. (1943) 1961. *Pain: Its Modes and Functions*. Chicago: University of Chicago Press.

Carruthers, Peter. 1992. *The Animals Issue*. Cambridge: Cambridge University Press.

Clough, G. 1982. "Environmental Effects on Animals Used in Biomedical Research." *Biological Reviews* 57:487ff.

Cohen, Carl. 1986. "The Case for the Use of Animals in Biomedical Research." *New England Journal of Medicine* 315: 14.

Darwin, Charles. (1881) 1882. *The Formation of Vegetable Mould through the Action of Worms, with Observations on Their Habits*. London: Murray.

——. (1871) 1890. *The Descent of Man, and Selection in Relation to Sex*. 2nd ed. London: Murray.

——. (1872) 1969. *The Expression of the Emotions in Man and Animals*. New York: Greenwood.

Dawkins, Marian Stamp. 1980. *Animal Suffering: The Science of Animal Welfare*. London: Chapman and Hall.

Dean, C. 2005. "Scientific Savvy? In the U.S., Not Much." *New York Times*, August 30.

Duncan, I. J. H., and B. Rollin. 2012. In *What's on Your Plate? The Hidden Costs of Industrial Animal Agriculture in Canada*, ed. World Society for the Protection of Animals. Toronto: WSPA Canada.

Forman, Paul. 1971. "Weimar Culture, Causality, and Quantum Theory: Adaptation by German Physicists and Mathematicians to a Hostile Intellectual Environment." In *Historical Studies in the Physical Sciences*, ed. Russell McCormmach. Philadelphia: University of Pennsylvania Press.

Fox, M. A. 1986. *The Case for Animal Experimentation*. Berkeley: University of California Press.

Frey, R. G. 1980. *Interests and Rights: The Case against Animals*. Oxford: Clarendon.

Griffin, Donald. 1976. *The Question of Animal Awareness*. Los Altos, CA: William Kaufmann.

Hebb, David. 1946. "Emotion in Man and Animal." *Psychology Review* 53.

Hume, David. 1961. *A Treatise of Human Nature*. Ed. L. A. Selby-Bigge. Oxford: Oxford University Press.

Kant, Immanuel. 1984. *Foundations of the Metaphysics of Morals*. Indianapolis: Bobbs-Merrill.

Kelley, W. N., and J. B. Wyngaarden. 1983. "Clinical Syndromes Associated with Hypoxanthine-Guanine Phosphoribosyltransferase Deficiency." Chap. 51 in *The Metabolic Basis of Inherited Disease*, 5th ed., ed, J. B. Stanbury et al. New York: McGraw-Hill.

Kilgour, Ronald, and Clive Dalton. 1984. *Livestock Behaviour: A Practical Guide*. Boulder, CO: Westview.

Kirk, G. S., and J. E. Raven. 1957. "The Atomists." Chap. 17 in *The Presocratic Philosophers: A Critical History with a Selection of Texts*. Cambridge: Cambridge University Press.

Kitchell, Ralph, and Michael Guinan. 1990. "The Nature of Pain in Animals." In *The Experimental Animal in Biomedical Research*, vol. 1, ed. B. E. Rollin and M. L. Kesel. Boca Raton, FL: CRC.

Knight, Andrew. 2012. *The Cost and Benefits of Animal Experiments*. London: Palgrave-Macmillan.

LeBaron, Charles. 1981. *Gentle Vengeance: An Account of the First Years at Harvard Medical School*. New York: Richard Marek.

Lewis, D. B., et al. 1993. "Osteoporosis Induced in Mice by Overproduction of Interleukin-4." *Proceedings of the National Academy of Sciences* 90, no. 24.

Lundeen, T. 2008. "Poultry Missing Genetic Diversity." *Feedstuffs*, December 1,11.

Markowitz, Hal, and Scott Line. 1990. "The Need for Responsive Environments." In *The Experimental Animal in Biomedical Research*, vol. 1., ed. B. E. Rollin and

M. L. Kesel. Boca Raton, FL: CRC.

Mason, John. 1971. "A Re-evaluation of the Concept of 'Non-specificity' in Stress Theory." *Journal of Psychiatric Research* 8.

McNeish, J. D., et al. 1988. "Legless, a Novel Mutation Found in PHT 1-1 Transgenic Mice." *Science* 241.

Michigan State University. 1989. *State News*, February 27.

Mill, John Stuart. 1902. *Principles of Political Economy*. New York: Longmans.

Morton, David, and P. H. M. Griffiths. 1985. "Guidelines on the Recognition of Pain, Distress, and Discomfort in Experimental Animals and a Hypothesis for Assessment." *Veterinary Record*, April 20.

Pew Commission on Industrial Farm Animal Production. 2008. Final Report: "Putting Meat on the Table: Industrial Farm Animal Production in America." www.ncifap.org.

Plato. 1941. *The Republic of Plato*. Trans, with introduction and notes by F. M. Cornford. Oxford: Clarendon.

——. 1961. *Protagoras and Meno*. Trans. W. K. C. Guthrie. Baltimore: Penguin.

Pursel, V., et al. 1989. "Genetic Engineering of Livestock." *Science* 244.

Rawls, John. 1999. *A Theory of Justice*. Cambridge, MA: Belknap.

"Reading Their Minds." 2015. Unsigned review of *Beyond Words: What Animals Think and Feel*, by Carl Safina. Economist, July 18.

Rollin, Bernard E. 1989. *The Unheeded Cry: Animal Consciousness*, Animal Pain, and Science. Oxford: Oxford University Press.

——. 1995. *The Frankenstein Syndrome*. New York: Cambridge University Press.

——. (1982) 2006. *Animal Rights and Human Morality*. Buffalo: Prometheus Books.

——. 2007. *Science and Ethics*. New York: Cambridge University Press.

Romanes, George John. 1882. *Animal Intelligence*. London: Kegan Paul.

——. 1883. *Mental Evolution in Animals*. London: Kegan Paul.

Sachs, J. 2008. "The American Anti-intellectual Threat." *Business World, September* 25.

Safina, Carl. 2015. *Beyond Words: What Animals Think and Feel*. New York: Henry Holt.

Sapontzis, Steve. 1987. *Morals, Reason, and Animals*. Philadelphia: Temple University Press.

Schiller, Claire H., ed. 1957. *Instinctive Behavior*. New York: International Universities Press.

Singer, Peter. 1975. *Animal Liberation*. New York: New York Review of Books.

Stout, J. T., and C. T. Caskey. 1989. "Hypoxanthine Phosphoribosyltransferase Deficiency — The Lesch-Nyhan Syndrome." Chap. 38 in *The Metabolic Basis of Inherited Disease*, vol. 1, ed. C. R. Scriver et al. New York: McGraw-Hill.

Stull, C. L., M. A. Payne, S. L. Berry, and P. J. Hullinger. 2002. "Evaluation of the Scientific Justification of Tail Docking in Dairy Cattle." *Journal of the American Veterinary Medical Association* 220: 1298-1303.

Taylor, R. E. 1984. *Beef Production and the Beef Industry: A Beef Producer's Perspective*. Minneapolis: Burgess.

United States Department of Agriculture-National Agricultural Statistics Service. 2015. "Milk Production and Milk Cows."

Weiss, Jay. 1972. "Psychological Factors in Stress and Disease." *Scientific American* 226 (March).

Wemelsfelder, Francoise. 1985. "Animal Boredom: Is a Scientific Study of the Subjective Experiences of Animals Possible?" In *Advances in Animal Welfare Science 1984-1985*, ed. M. W. Fox and L. D. Mickley. The Hague: Martinus Nijhoff.

Wittgenstein, Ludwig. 1965. "Lecture on Ethics." *Philosophical Review* 74: 3-12.

Wood-Gush, David, and Alex Stolba. 1981. "Behaviour of Pigs and the Design of a New Housing System." *Applied Animal Ethology* 8.

索引

AVMA (American Veterinary Medical Association)　105, 108
BSE（狂牛病）　135
CAFOs (Concentrated animal feeding operations)　149–51
NIH (National Institute of Health)　78, 91, 172–74, 197–98
WHO（世界保健機関）　83, 153

あ

アインシュタイン，アルベルト　74–75, 88
アクィナス，トマス　11, 188
アニマルウェルフェア（動物福祉）　105, 117–30, 131, 135, 140–41, 146, 150–52, 155–56, 167–69, 172, 174, 176, 202–3, 206, 208
アリストテレス　x, 6, 31, 44, 58–60, 62, 65, 69, 74, 89, 117–18, 128, 199–200, 213
イスラム原理主義　72
痛み　vii, ix, 4, 11–14, 27, 43–45, 47–49, 51, 55–56, 61, 65, 77, 81–83, 88, 93, 101–2, 104–6, 108–11, 131, 136, 138, 141–46, 160, 165, 169–71, 173–75, 180–83, 185, 187, 195, 206
イデオロギー　34, 44, 51, 53, 62, 69–94, 95–96, 104–5, 116–7, 120, 127, 170–1, 174, 196–97, 201
ヴィトゲンシュタイン，ルドヴィッヒ　3, 24, 174
黄金律　33–34

か

科学的イデオロギー　51, 53, 74–76, 78–80, 87–93, 95, 102, 104–5, 116–7, 127, 162, 174, 196
科学的リサーチコミュニティ　vii
学習性無力感　119, 145, 181, 185, 206
価値（から）自由　ix, 37, 76, 80, 87, 103, 162, 170, 201
環境　ix, 9, 35–36, 55, 63–65, 86, 90, 103, 106, 124–26, 132–34, 136, 140, 144, 146, 149, 151–53, 155, 164, 172, 183, 188, 194–96, 210
監禁的農業　65, 124, 139, 145–46, 150, 198
還元主義　59, 75, 89, 196
カント，イマニュエル　5, 11, 28–29, 33, 85
カント主義　5
擬人化　43, 47, 50, 94, 96, 99, 105–6, 108, 109–11, 113, 116, 127
義務論　27–28, 31, 191
キング，マーティン・ルーサーJr　10, 41
区分化　93
苦しみ（苦痛）　vii, 4, 11–12, 14, 16, 25, 44, 46, 52, 81, 88, 102, 104–6, 108–9, 111, 138, 141, 160, 171, 173–74, 177–78, 181, 183, 188, 203, 206–9, 211
グレシャムの法則　201
権利の章典　42, 57, 151
高次の理論　26, 30
行動主義　86, 88, 95–96, 102, 110, 116
公民権運動　36, 41, 56
功利主義　4, 11, 13–14, 16, 27–28, 30–31,

221

55–56, 64, 182–84, 189, 191, 212

さ

産業的農業　vii, 12, 123, 133, 135, 140–41, 146, 150, 156, 203, 209

詩篇23篇　103

社会的常識の倫理　17, 19–23, 26–27, 29, 31, 34, 56–57, 65

獣医学教育　v, 164, 213

獣医師　vi, ix, 17, 21–22, 25, 46–48, 79, 106, 129, 160, 175, 180, 193, 213

宗教　3, 14–15, 19, 35, 71, 73–75

常識　ix–x, 10–11, 17–23, 26–27, 29, 31–32, 34, 36, 45–47, 51, 55–60, 62–63, 65, 69–71, 73, 78, 83, 92, 95, 99–103, 105–10, 112, 114–17, 127, 145, 162, 175, 180, 187, 195, 197–98, 201, 209

少数派の権利　56

ジョンソン，リンドン　41, 167

シンガー，ピーター　11, 13, 16–17, 27, 55, 178, 182, 191,

進化論　49, 97, 99, 110, 163, 199

心理学　11–12, 48–50, 56–57, 64, 76, 86, 88–89, 93–94, 100–1, 106, 108, 117–20, 123, 152, 172–73, 181–82, 190, 193, 196

聖書的原理主義　71–72

切断（切除）　138, 140, 143–46, 202

専門職倫理　25

想起　x, 10, 37–42, 57, 64, 111, 132, 164, 209

相対主義　31–32, 34, 36

ソクラテス　23, 37, 59, 73

た

ダーウィン，チャールズ　45, 48–51, 88, 96, 112, 149

デカルト，ルネ　viii–ix, 45, 47, 49, 57–60, 63, 69–70, 93, 117–18

哲学　3–6, 9–11, 13–16, 23–24, 26–28, 34,

47, 57, 74–75, 89–91, 93, 95, 100, 107, 164, 174, 178–81, 185–87

デモクリトス　59, 70

テロス（複数：テロイ）　x, 31, 56–57, 60–66, 69, 74, 93–94, 102–3, 116–18, 122–24, 126, 128–31, 135–36, 139–40, 146, 151–54, 156–57, 159, 180, 183, 192, 194–96, 199, 202–3, 208–10

動物虐待　12–13, 46, 170

実験動物（研究のための動物）　vii, 51, 79, 105, 122, 160, 162, 164–65, 167–70, 172, 176–77, 180, 183, 193, 197, 202

動物実験委員会（IACUCs）　171, 173, 176, 196

動物の意識　44, 49, 52, 63, 91, 102, 104–5, 119

動物の権利　44, 151

動物の精神　47, 49–53, 63, 88, 95–96, 99–102, 106–9, 113, 129, 174, 187

動物の道徳的地位　v, 9, 11, 43–44, 53, 63, 164, 187–88

な

ナチス　86, 170, 184

ニュートン，アイザック　26, 57–58, 74–75, 88, 162

は

ハズバンドリー　vii, 103–4, 121, 131–35, 137, 139, 141, 146, 149, 152, 154–57, 178, 203, 210

ピタゴラス学派　74

ピュー・コミッション　146–47, 152

ヒューム，デイヴィッド　3, 45–47, 102

フィジコイ　59, 74

福祉保持の原則　203, 208

プラトン　x, 4, 10, 18, 26, 34–35, 37–41, 58, 60, 128, 178, 209

ペイン・コントロール　165, 171

索引

ベルクソン，アンリ　75, 95
ベンサム，ジェレミー　11, 13, 27, 55

ま

麻酔　22, 38, 77, 105, 138, 140, 142–44,
　160–62, 165, 169, 172, 207
マルクス主義　71
ミル，ジョン・ステュアート　11, 13
無痛法　vi–vii, 22, 105, 108, 140–44, 161,
　165, 169, 171, 195, 207
目的論（結果論）　26, 30, 62, 95

ら

レッシュ・ナイハン症候群　204–5
量子物理学　90
倫理1　17, 21, 23–24
倫理2　23
倫理学　v–vi, x, 4–6, 9, 17, 23–24, 91, 164,
　210
倫理（から）自由　37, 53, 79–80, 87, 170
ロマネス，ジョージ・ジョン　49–50,
　97–100, 112–13
ロールズ，ジョン　34–35, 45, 187

わ

ワトソン，ジョン・B　87, 92, 95

バーナード・ローリン（Bernard E. Rollin）

コロラド州立大学の哲学、動物科学、および生物医科学教授。同大学において世界最初の動物倫理と獣医倫理の講座を創設。動物実験代替法に関する業績でヘンリー・スピラ賞を受賞するなど、動物の権利、意識についての研究で高い評価を受けている。主な著書に *Natural and Conventional Meaning*(1976)、*Animal Rights and Human Morality*(1981)、*The Unheeded Cry: Animal Consciousness, Animal Pain and Scientific Change*(1988)、*Farm Animal Welfare*(1995)、*Science and Ethics*(2006) など。邦訳に『獣医倫理入門──理論と実践』（浜名克己監訳・竹内和代訳 白揚社）がある。

髙橋優子（たかはし・ゆうこ）

北海道生まれ。名古屋大学法学部法律学科卒業、同大学院法学研究科博士前期課程修了（西洋政治思想史）、Fuller Theological Seminary, Master of Arts in Theology 修了（Biblical Studies and Theology）、東京大学大学院人文社会系研究科修士課程修了（倫理学）、立教大学大学院文学研究科博士後期課程単位取得退学（旧約聖書学）。立教大学リサーチアシスタント、明治学院大学・聖心女子大学兼任講師を経て酪農学園大学准教授。2015年、日本で最初の獣医倫理学研究室を開設。著書に『ポップカルチャーを哲学する──福音の文脈化に向けて』（新教出版社）など、訳書に R. アルベルツ著『ヨシヤの改革』（教文館）などがある。

A NEW BASIS FOR ANIMAL ETHICS: Telos and Common Sense
by Bernard E. Rollin
Copyright © 2016 by
The Curators of the University of Missouri
University of Missouri Press, Columbia, MO 65201
All rights reserved

Japanese translation published by arrangement with University of Missouri
Press through The English Agency (Japan) Ltd.

動物倫理の新しい基礎

2019 年 11 月 30 日　第 1 版第 1 刷発行

著　　者　バーナード・ローリン
訳　　者　髙橋優子

発　行　者　中村幸慈

発　行　所　株式会社　白揚社　　© 2019 in Japan by Hakuyosha
　　　　　　〒 101-0062　東京都千代田区神田駿河台 1-7
　　　　　　電話　(03)5281-9772　振替　00130-1-25400

装　　幀　尾崎文彦（株式会社トンプウ）

印刷・製本　中央精版印刷株式会社

ISBN 978-4-8269-9062-2